信息技术应用
新形态系列教材

Premiere Pro CS6

视频编辑标准教程

朱强 龙运明◎主编

陈亭每 胡婧 边婧◎副主编

Video Editing By

Premiere Pro CS6

人民邮电出版社

北 京

图书在版编目（CIP）数据

Premiere Pro CS6视频编辑标准教程：附微课 / 朱强，龙运明主编. -- 北京：人民邮电出版社，2024.5
信息技术应用新形态系列教材
ISBN 978-7-115-63106-0

Ⅰ. ①P… Ⅱ. ①朱… ②龙… Ⅲ. ①视频编辑软件—高等学校—教材 Ⅳ. ①TN94

中国国家版本馆CIP数据核字(2023)第212581号

内 容 提 要

本书面向零基础读者，以"理论+案例"的形式详细讲解 Premiere Pro CS6 的基本功能、操作技巧，以及不同类型视频的制作方法。

本书共 10 章，前 9 章分别为 Premiere Pro CS6 快速入门、视频剪辑基础、视频的切换与特效、动画效果的创建、叠加与抠像技术、色彩的校正与调整、创建字幕与图形、音频处理、输出视频，第 10 章通过两个综合实训进行实战讲解，帮助读者巩固所学知识。

本书可作为网络与新媒体、电子商务、数字媒体技术、数字媒体艺术等专业相关课程的教材，还可作为 Premiere Pro CS6 初学者以及视频剪辑行业从业人员的参考书。

◆ 主　编　朱　强　龙运明
　副主编　陈亭每　胡　婧　边　婧
　责任编辑　孙燕燕
　责任印制　李　东　胡　南
◆ 人民邮电出版社出版发行　　北京市丰台区成寿寺路 11 号
　邮编　100164　电子邮件　315@ptpress.com.cn
　网址　https://www.ptpress.com.cn
　大厂回族自治县聚鑫印刷有限责任公司印刷
◆ 开本：787×1092　1/16
　印张：13　　　　　　　　　　　2024 年 5 月第 1 版
　字数：373 千字　　　　　　　　2024 年 5 月河北第 1 次印刷

定价：49.80 元

读者服务热线：(010)81055256　印装质量热线：(010)81055316
反盗版热线：(010)81055315
广告经营许可证：京东市监广登字 20170147 号

前言 PREFACE

Premiere Pro CS6是由Adobe公司推出的一款视频编辑软件，它提供采集、剪辑、调色、字幕添加、音频处理等一系列功能。Premiere Pro CS6不仅编辑的画面质量良好，而且自身兼容性强，能与Adobe公司推出的其他软件相互协作，以帮助读者编辑、制作视频，满足读者创作高质量作品的需求。Premiere Pro CS6广泛应用于广告制作和电视节目制作中，已经成为视频编辑爱好者和专业人士不可或缺的视频编辑软件。

目前，Premiere Pro CS6技能的掌握已经成为多数院校相关专业的重要培养要求之一，许多院校都开设了使用Premiere Pro CS6进行视频剪辑的课程，但市场上很多教材的大纲结构、配套资源都难以满足教学需求。基于此，编者编写了本书。

本书具有以下特色。

（1）实用性强，针对面广。本书采用"理论+案例"的形式进行讲解，内容按照基础型和实战型进行划分，方便不同层次的读者进行选择性学习，不论是初学者，还是有视频编辑经验的读者，都能学到需要的知识。

（2）知识全面，融会贯通。本书从软件操作基础、视频特效制作、音频处理到视频渲染输出，全面地讲解视频剪辑制作的基础知识。全书通过29个课堂案例和两个综合实训帮助读者事半功倍地学习，并帮助读者掌握

Premiere Pro CS6的应用方法和视频制作思路。

（3）**由易到难，由浅入深。**本书在内容讲解上采用循序渐进的方式，由易到难、由浅入深，所有案例的操作步骤清晰、简明、通俗易懂，非常适合零基础读者学习。

（4）**立德树人，素养教学。**本书深入贯彻党的二十大精神，落实立德树人根本任务，每章均设置"素养课堂"模块，从德、智、体、美、劳全方位赋能教学，力求培养复合型人才。

（5）**资源丰富，赋能教学。**本书提供丰富的教学资源，包括电子教案、教学大纲、PPT课件、课后习题答案、素材文件等，用书教师如有需要，可登录人邮教育社区（www.ryjiaoyu.com）免费下载。

本书由朱强、龙运明担任主编，陈亭每、胡婧、边婧担任副主编，由于编者水平有限，书中难免存在不足之处，恳请广大读者批评指正。

编者

2024年1月

目录 CONTENTS

第3章 视频的切换与特效

第4章 动画效果的创建

第5章 叠加与抠像技术

第8章 音频处理

第9章 输出视频

第10章 综合实训

第 **1** 章

Premiere Pro CS6 快速入门

本章首先讲解视频编辑的一些基本概念，如非线性编辑、电视制式、帧和场、分辨率等，这些都是在学习视频剪辑之前必须掌握的基础知识，然后介绍 Premiere Pro CS6 的工作界面和个性化设置，帮助读者快速熟悉软件界面和操作逻辑，从而在剪辑操作过程中提高工作效率。

📖 课堂学习目标

➢ 了解视频编辑的基本概念。

➢ 熟悉 Premiere Pro CS6 的工作界面。

➢ 掌握 Premiere Pro CS6 的个性化设置。

视频编辑基础

视频编辑技术经过多年的发展，由最初的直接剪接胶片发展到现在的借助计算机进行数字化编辑，视频编辑进入了非线性编辑的"数字化时代"。在学习视频编辑技术之前，我们需要对视频编辑的基础知识有一个充分的了解和认识。本节将介绍一些视频编辑的基础知识，包括线性编辑和非线性编辑、电视制式、帧和场等。

1.1.1 线性编辑和非线性编辑

视频编辑可分为线性编辑和非线性编辑两类。

1. 线性编辑

线性编辑即传统的磁带录像编辑，是电视节目制作中的传统编辑方式，主要使用摄像机、录像机、字幕机、编辑控制器和切换台等多种设备。线性编辑的存储介质是磁带，即按照节目内容的需求把素材带中的视频和音频信号以线性的方式记录在磁带上。录像机和放像机支持视频和音频的重放，但是必须按照磁带中内容的先后顺序进行。

线性编辑可以保护原有素材不被破坏，且原有素材能够反复使用，此外由于磁带能随意记录、随意抹去，因此可以在很大程度上降低制作成本。但是线性编辑因为素材不能随机存取，会给工作人员带来极大的麻烦，降低工作效率，且大量的搜索操作带给录像机机械服务系统的压力和对磁头造成的磨损非常大，这会提高制作成本。

2. 非线性编辑

非线性编辑是相对按时间顺序进行的线性编辑而言的。非线性编辑借助计算机来进行数字化制作，几乎所有的工作都在计算机里完成，不再需要那么多的外部设备，对素材的调用也可以瞬间实现，不用反复在磁带上寻找，突破了单一的时间顺序编辑限制，可以按各种顺序编辑，具有简便的特性。

非线性编辑只要上传一次就可以多次编辑，信号质量始终不会变低，所以能够节省设备、人力等资源，提高了工作效率。但非线性编辑需要专用的编辑软件、硬件，现在绝大多数的电视电影制作机构都采用非线性编辑系统。

1.1.2 电视制式

电视制式是电视信号的标准，简称制式，可以简单地理解为传输电视图像或声音信号所采用的技术标准。由于各国对电视制定的标准不同，其制式也有所不同。常用的制式有PAL、NTSC、SECAM，目前国内大部分地区使用PAL制式。

1. PAL制式

PAL（Phase Alternation Line，逐行倒相）制式为逐行倒相正交平衡调幅制，主要被澳大利亚、新西兰和欧洲大部分国家采用。这种制式的帧速率是25帧/秒，每帧625行、312线，奇场在前，偶场在后，采用隔行扫描方式，标准的数字化PAL制式电视分辨率为720像素×576像素，24位的色彩深度，画面比例为4：3。PAL制式对相位失真不敏感，图像色彩误差较小，与黑白电视的兼容也好。但PAL制式的编码器和解码器都比NTSC制式的复杂，信号处理也较麻烦，接收机的造价较高。

2．NTSC制式

NTSC（National Television Standards Committee，美国国家电视标准委员会）制式为正交平衡调幅制，主要被美国、加拿大、日本等国家采用。这种制式的帧速率约为30帧/秒（实际为29.97帧/秒），每帧525行、262线，偶场在前，奇场在后，标准的数字化NTSC制式电视分辨率为720像素×480像素，24位的色彩深度，画面比例为4：3或16：9。NTSC制式的特点是虽然解决了彩色电视和黑白电视广播相互兼容的问题，但是存在相位容易失真、色彩不太稳定的缺点。

3．SECAM制式

SECAM（Sequential Color and Memoire，顺序传送彩色信号与存储）制式为行轮换调频制，主要被法国、俄罗斯和中东地区的国家采用。这种制式的帧速率为25帧/秒，每帧625行，隔行扫描，画面比例为4：3，分辨率为720像素×576像素，约40万像素，亮度带宽约为6.0MHz；彩色幅载波约为4.25MHz；色度带宽约为1.0MHz（U），1.0MHz（V）；声音载波约为6.5MHz。SECAM制式的特点是不怕干扰，色彩效果好，但兼容性差。

1.1.3　帧和场

在视频中，一幅静止的画面被称作一帧，而每一帧都是通过扫描屏幕两次产生的，第二次扫描的线条刚好填满第一次扫描所留下的缝隙，每次扫描称为一个场。

1．帧

一段视频是由一系列的帧组成的。帧速率是指每秒传输帧数，而帧是视频中最小的时间单位。例如，我们说的30帧/秒是指每秒播放30幅画面，30帧/秒的视频在播放时会比15帧/秒的视频流畅很多。通常NTSC制式的帧速率为29.97帧/秒，而PAL制式的帧速率为25帧/秒。在Premiere中新建序列时，可以设置"序列预设"的类型，而"帧速率"会自动进行设置，如图1-1和图1-2所示。

图1-1　　　　　　　　　　　　　　　　图1-2

早期电影的帧速率是24帧/秒，而随着技术的不断进步，越来越多的电影使用更高的帧速率，旨在给观众带来更好的视觉体验。例如，电影作品《比利·林恩的中场战事》首次采用120帧/秒拍摄。

2．场

场的概念源于电视，电视由于要克服信号频率带宽的限制，无法在制式规定的刷新时间内同时将一帧图像显示在屏幕上，只能将图像分成两个半幅的图像，一先一后地显示，由于刷新速度快，肉眼只能看见完整的图像。普通电视都采用隔行扫描。隔行扫描是指将一帧电视画面分成奇数场和偶数场进行两次扫描。第一次扫出由1、3、5、7……所有奇数行组成的奇数场，第二次扫出由2、4、6、8……所有偶数行组成的偶数场，这样，每一帧画面经过两次扫描，所有的像素便被全部扫描完毕。

1.1.4 分辨率与像素长宽比

分辨率和像素长宽比是视频编辑过程中常用的参数，下面将具体介绍它们的含义。

1．分辨率

视频的分辨率是指视频包含的像素的数量，如一个视频的分辨率为1440像素×900像素，表示该视频在横、纵两个方向上的有效像素分别是1440列（K）和900行（P）。通常，分辨率越高视频就越清晰，如1080P的视频比720P的视频更加清晰。

常见的视频分辨率有以下几种。

- ➢ 720P：分辨率为1280像素×720像素。
- ➢ 1080P：分辨率为1920像素×1080像素。
- ➢ 2K：分辨率为2560像素×1440像素。
- ➢ 4K：分辨率为3840像素×2160像素。
- ➢ 8K：分辨率为7680像素×4320像素。

2．像素长宽比

像素长宽比是指在放大作品到极限时看到的每一个像素的长度和宽度的比例。由于电视等播放设备本身的像素长宽比不是1∶1，因此，我们在电视等播放设备上播放作品时就需要设置"像素长宽比"。选择哪种像素长宽比类型取决于我们要将作品在哪种设备上播放。

通常在计算机上播放的作品的像素长宽比为1.0，而在电视、电影院屏幕等设备上播放的作品的像素长宽比则大于1.0。我们在Premiere中设置"像素长宽比"时，将"设置"中的"编辑模式"设置为"自定义"，方可显示出全部像素长宽比类型，如图1-3所示。

图1-3

1.1.5 常用视频编辑软件

一套完整的非线性编辑系统还应该有编辑软件。编辑软件由非线性编辑软件以及二维动画软件、三维动画软件、图像处理软件和音频处理软件等软件构成。下面我们介绍几种常用的非线性编辑软件。

1．Vegas

Vegas是计算机中用于视频编辑、音频制作、合成、字幕添加和编码的专业产品。它具有漂亮、直观的界面和功能强大的音视频制作工具，为DV音视频录制、编辑和混合，以及流媒体和环绕声制作提供了完整且集成的解决方法，图1-4所示为Vegas的工作界面。

图1-4

2. Final Cut Pro

Final Cut Pro是苹果公司开发的一款专业非线性视频编辑软件，该软件由Premiere创始人兰迪·乌维略斯（Randy Ubillos）设计。Final Cut Pro提供了丰富的剪辑、特效、调色和音频处理工具，使得视频后期制作更加简单高效。图1-5所示为Final Cut Pro的工作界面。

3. Premiere

Adobe公司推出的基于非线性编辑设备的视频编辑软件Premiere，在影视制作领域取得了巨大的成功。其被广泛地应用于电视节目制作、广告制作、电影剪辑等领域，成为Windows和macOS平台上应用最为广泛的视频编辑软件，图1-6所示为Premiere Pro CS6的工作界面。

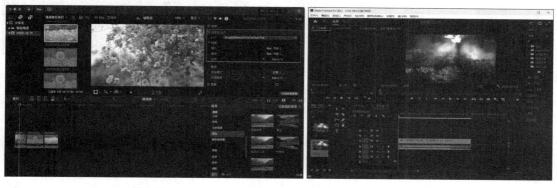

图1-5　　　　　　　　　　　　　　　　　　图1-6

Premiere Pro CS6工作界面

要使用Premiere Pro CS6进行视频编辑，我们首先需要快速熟悉软件界面和操作逻辑，以在剪辑操作过程中提高工作效率。本节将介绍Premiere Pro CS6的工作界面和功能。

1.2.1 认识工作区

首次进入Premiere Pro CS6，呈现的界面是Premiere Pro CS6的默认工作界面。选择"窗口"|"工作区"命令，我们可以看到Premiere Pro CS6的各个工作区，选择不同的工作区命令，可以切换到相应的工作区，如图1-7所示。

每个工作区都是根据不同剪辑阶段的具体需求，对各个工作面板进行不同的设定和排布的。当执行不同的剪辑任务时，我们只需要切换到与之对应的工作区即可。

图1-7

1.2.2 熟悉工作面板

Premiere Pro CS6的默认工作界面如图1-8所示，下面介绍5个常用的工作面板。

➤ "源"面板，即监视器面板，主要用于控制视频素材。

➤ "节目"面板，即回放面板，主要用于实时显示或播放目前剪辑的视频画面，方便剪辑师对视频进行修改。

➤ "时间轴"面板，即序列面板，是整个视频剪辑项目的核心区域。视频素材的剪辑、添加背景音乐和添加后期特效等工作都在这一区域完成。

➤ "工具"面板，即工具栏，可以选择不同的工具对素材进行剪辑。

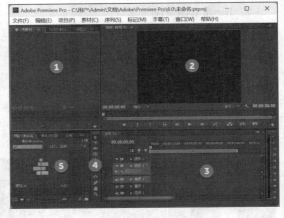

图1-8

➤ "项目"面板，即素材面板，用于显示和管理导入的素材和项目文件。

1.2.3 菜单命令介绍

Premiere Pro CS6有9个菜单，分别为"文件"菜单、"编辑"菜单、"项目"菜单、"素材"菜单、"序列"菜单、"标记"菜单、"字幕"菜单、"窗口"菜单和"帮助"菜单，如图1-9所示。下面我们将介绍各个菜单的作用。

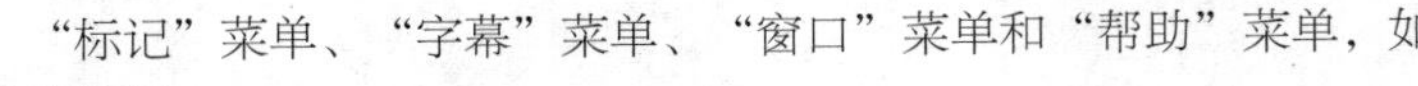

文件(F) 编辑(E) 项目(P) 素材(C) 序列(S) 标记(M) 字幕(T) 窗口(W) 帮助(H)

图1-9

➤ "文件"菜单：主要用于对项目文件进行管理，如新建、打开、保存、导出等，另外还可用于采集外部视频素材。

➤ "编辑"菜单：主要包括一些常用的基本编辑命令，如还原、重做、复制、粘贴、查找等。另外还包括Premiere Pro CS6中特有的影视编辑命令，如波纹删除、编辑源素材、标签等。

➤ "项目"菜单：可以进行项目的设置，还可以针对"项目"面板进行一些操作。

➤ "素材"菜单：包括大部分视频剪辑命令。

> ➢ "序列"菜单：主要用于对"时间轴"面板中的序列进行相关操作。
> ➢ "标记"菜单：包含对剪辑和序列进行标记设置的所有命令。
> ➢ "字幕"菜单：包含与字幕相关的一系列命令，如新建字幕、字体、颜色、大小、方向和排列等。执行"字幕"菜单中的命令能够更改在字幕设计中创建的文字和图形。
> ➢ "窗口"菜单：包含Premiere Pro CS6所有面板的切换命令，可以随意打开或关闭任意面板，也可以恢复到默认工作区。
> ➢ "帮助"菜单：包含帮助、支持中心和产品改进计划等命令。选择"帮助"菜单中的"Adobe Premiere Pro帮助"命令，可以载入学习和支持页面，然后选择或搜索某个主题进行学习。

1.2.4　导入素材

下面我们将介绍3种导入素材的方法，通过本节的学习，读者可以对Premiere Pro CS6的工作界面有更深入的了解。

1. 在"项目"面板中导入

切换到"编辑"工作区，在"项目"面板中右击鼠标，在弹出的快捷菜单中选择"导入"命令，如图1-10所示。在弹出的"导入"对话框中选择素材文件，单击"打开"按钮，如图1-11所示。

图 1-10

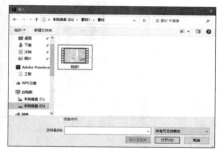
图 1-11

此时，视频素材文件会以列表的形式排列在"项目"面板中。

2. 在"媒体浏览器"面板中导入

进入"媒体浏览器"面板，在左侧的本机磁盘中选择素材所在的文件夹，面板右侧会显示出可导入文件的列表，在需要导入的文件上右击鼠标，在弹出的快捷菜单中选择"导入"命令，即可导入相关视频素材，如图1-12所示。

3. 直接拖动到"项目"面板中导入

直接将素材文件从文件夹中拖动到"项目"面板中，如图1-13所示。此时，素材文件会显示在"项目"面板中。此方式最为方便快捷，非常适合批量导入素材。

图 1-12

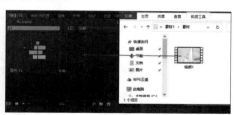
图 1-13

1.3
个性化设置

用户在使用Premiere Pro CS6时，可以根据自己的喜好和习惯对该软件的界面颜色、工作区、快捷键等进行个性化设置，这样可以提升剪辑工作的趣味性和工作效率。

1.3.1 设置界面颜色

Premiere Pro CS6的默认界面颜色是纯黑色。Premiere Pro CS6的界面颜色是可调整的，选择"编辑"|"首选项"|"界面"命令，在弹出的"首选项"对话框中切换到"界面"选项卡，如图1-14所示。用户只需拖动滑块即可调整界面亮度，向左为较暗，向右为较亮，如图1-15所示。

图 1-14

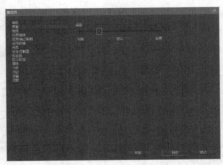

图 1-15

1.3.2 自定义工作区

Premiere Pro CS6的面板非常灵活，用户可以根据个人习惯和喜好随意调整，然后新建为工作区。

将鼠标指针移至面板的边角处，当鼠标指针呈 形状时，拖动鼠标就可以同时调整相连的面板的尺寸，如图1-16所示。停放面板时面板会连接在一起，因此调整一个面板的大小时，会改变与之相连的另一个面板的大小。

面板调整到合适的大小后就可以保存自定义的工作区。选择"窗口"|"工作区"|"新建工作区"命令，在弹出的对话框内输入自定义的工作区名称，如图1-17和图1-18所示。

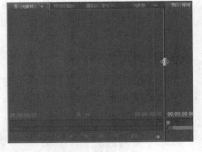

图 1-16

图 1-17

图 1-18

1.3.3　自定义快捷键

Premiere Pro CS6支持快捷键操作，用户在进行剪辑时可以提高效率。选择"编辑"|"键盘快捷方式"命令，打开"键盘快捷键"对话框，用户可以根据自己的操作习惯添加和修改快捷键，如图1-19所示。

图1-19

1.4

课后实训——制作"我的一天"Vlog

Vlog是博客的一种，英文全称是Video Blog或Video log，即视频博客。Vlog创作者用影像代替文字或相片来记录日常生活，并上传至抖音、Bilibili、西瓜视频、微博等平台，与志同道合的网友分享。本节通过整理外出游玩的一天的视频，制作一个旅行Vlog。通过该实训的练习，读者可了解使用Premiere Pro CS6剪辑视频的基本流程，掌握Premiere Pro CS6的基本操作。

1. 新建项目和序列

本实训首先在软件中新建项目和序列，然后进行导入素材、添加背景音乐等一系列操作。

（1）启动Premiere Pro CS6，在欢迎对话框中单击"新建项目"按钮，如图1-20所示。

（2）弹出"新建项目"对话框，设置项目名称和项目存储位置，单击"确定"按钮，如图1-21所示。

（3）在弹出的"新建序列"对话框中选择"设置"选项卡，参数设置如图1-22所示，单击"确定"按钮，关闭对话框。

扫码看微课

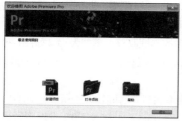

图1-20

图1-21

图1-22

2. 导入素材

新建项目和序列之后，用户便可以打开素材所在的文件夹，将事先准备好的素材导入"项目"面板中。下面我们将介绍具体的操作方法。

（1）在"项目"面板中右击鼠标，在弹出的快捷菜单中选择"导入"命令，如图1-23所示。

扫码看微课

（2）弹出"导入"对话框，打开素材所在文件夹，选择要导入的素材，这里选择10个视频素材和2个音频素材，单击"打开"按钮，导入素材，如图1-24所示。

（3）导入的素材显示在"项目"面板中，如图1-25所示。

图1-23 　　　　　　　　　　图1-24 　　　　　　　　　　图1-25

3. 剪辑并添加素材

下面我们将通过为素材设置入点和出点的方式快速截取有效片段，并将其添加至"时间轴"面板，方便后续对素材片段进行编辑。

（1）在"项目"面板中双击"01 闹钟响起.mp4"素材，"源"面板中会显示该素材。将时间线拖动到00:00:01:00处，单击"标记入点"按钮，设置视频的入点，如图1-26所示。将时间线拖动到00:00:03:16处，单击"标记出点"按钮，设置视频的出点，如图1-27所示。

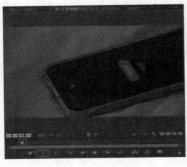

图1-26 　　　　　　　　　　　　图1-27

（2）入点与出点标记好后，单击"插入"按钮，即可将入点与出点之间的视频插入"时间轴"面板，如图1-28所示。

（3）按"空格"键或单击"项目"面板中的"播放-停止切换"按钮，即可观看插入的视频。此时我们会发现素材尺寸过小，视频周围出现黑边，如图1-29所示。

（4）在"节目"面板中双击素材，视频周围出现控制框，拖动控制框调整视频的大小，如图1-30所示。

（5）使用同样的方法，在"项目"面板中选择"02 起床.mp4"素材，设置入点为00:00:02:00，如图1-31所示，标记出点为00:00:14:00，如图1-32所示。

（6）单击"插入"按钮，将入点和出点之间的起床视频添加到"时间轴"面板，如图1-33所示。

（7）按照时间顺序继续将"03 漱口.mp4"素材、"04 坐公交.mp4"素材、"05 看地图背面.mp4"

素材、"06 看地图.mp4"素材、"07 欢快浏览.mp4"素材、"08 游览拍照.mp4"素材、"09 返回坐公交.mp4"素材和"10 路上夜景.mp4"素材依次添加至"时间轴"面板，如图1-34所示。

图 1-28

图 1-29

图 1-30

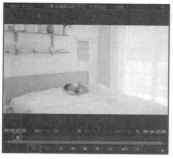
图 1-31

图 1-32

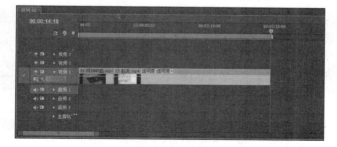
图 1-33

图 1-34

4. 添加背景音乐

下面我们将为视频添加背景音乐，一个完整的视频通常是由画面和音频这两个部分组成的，音频是不可或缺的，原本普通的视频画面，只要配上调性明确的背景音乐，就能变得引人注意。

（1）在"时间轴"面板中的"01 闹钟响起.mp4"素材上右击鼠标，在弹出的快捷菜单中选择"解除视音频链接"命令，如图1-35所示。这样视频与音频就解除了链接，能分别进行编辑。

（2）选择"01 闹钟响起.mp4"素材音频轨道上解除了链接的音频，按"Delete"键删除。使用同样的方法删除"04 坐公交.mp4"素材的音频，如图1-36所示。

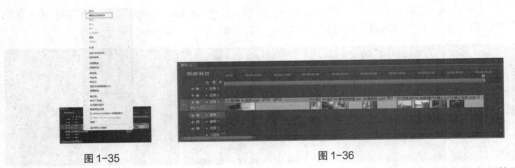

图 1-35　　　　　　　　　　　　　　　　　　图 1-36

（3）在"项目"面板中选择"大闹钟.mp4"素材，将其拖动至"时间轴"面板中的音频轨道上，如图1-37所示。

图 1-37

（4）选择"选择工具" ，将鼠标指针移动至音频的右侧，当鼠标指针显示为 形状时，向左拖动鼠标，调整音频时长，使其与"01 闹钟响起.mp4"素材对齐，如图1-38所示。这样闹钟铃声只在画面中出现闹钟时播放。

图 1-38

（5）使用同样的方法将"Corporate Cinematic.wav"素材添加至音频轨道，然后双击添加的音频，在"源"面板中设置入点与出点，截取音频的开始部分，如图1-39所示。该部分音乐节奏舒缓，适合搭配起床的视频画面。

（6）继续调整"Corporate Cinematic.wav"素材的时长，使其与"02 起床.mp4"素材对齐，如图1-40所示。

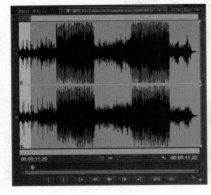

图 1-39　　　　　　　　　　　　　　　　　　图 1-40

（7）再次添加"Corporate Cinematic.wav"素材，截取音频的高潮部分，如图1-41所示，作为"03漱口.mp4"素材～"08浏览拍照.mp4"素材的背景音乐。

（8）再次添加"Corporate Cinematic.wav"音频，截取音频的结尾部分，如图1-42所示，作为"09返回坐公交.mp4"素材和"10路上夜景.mp4"素材的背景音乐。

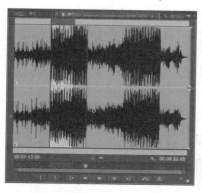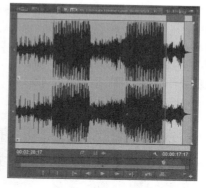

图1-41　　　　　　　　　　　　图1-42

（9）至此，Vlog的背景音乐添加完成，此时的"时间轴"面板如图1-43所示。

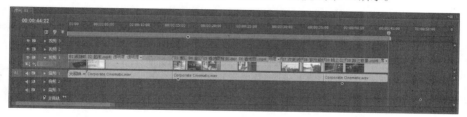

图1-43

5．输出视频

用户在完成所有剪辑工作后，预览视频，确认无误后，即可输出成片。

（1）单击"节目"面板中的"播放-停止切换"按钮 ，即可预览视频，如图1-44所示。拖动时间滑块，可以调整视频播放的进度。

（2）预览后觉得满意，就可以输出视频了。选择"文件"|"导出"|"媒体"命令，弹出"导出设置"对话框，在"源缩放"下拉列表中选择"缩放以填充"，如图1-45所示，在"格式"下拉列表中选择"H.264"，如图1-46所示。

扫码看微课

图1-44　　　　　　　　图1-45　　　　　　　　图1-46

13

（3）单击"输出名称"后面的名称，弹出"另存为"对话框，设置文件名及文件存储位置，单击"保存"按钮，如图1-47所示。

（4）切换到"视频"选项卡，并向下拖动右侧滚动条，设置"电视标准"为"PAL"，然后勾选"以最大深度渲染"复选框，如图1-48所示。

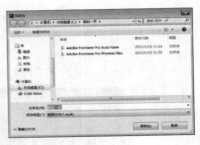

图1-47

（5）继续向下拖动右侧滚动条，设置"比特率编码"为"VBR,2次"，然后勾选"使用最高渲染质量""使用预览""使用帧混合"复选框，单击"导出"按钮，如图1-49所示。

图1-48

图1-49

（6）弹出"编码"对话框，显示当前编码进度条，如图1-50所示。

图1-50

（7）导出完成后打开输出的视频，即可观看视频效果。

素养课堂

　　文化是民族的精神命脉，文化自信是更基础、更广泛、更深厚的自信，是一个国家、一个民族发展中最基本、最深沉、最持久的力量。党的二十大报告从国家发展、民族复兴高度提出"推进文化自信自强，铸就社会主义文化新辉煌"的重大任务，就"繁荣发展文化事业和文化产业"做出部署安排，为做好新时代文化工作提供了根本遵循、指明了前进方向。作为社会主义事业接班人的我们，无论从事何种职业，都应努力学习知识、技能，提高自身业务能力，为新时代繁荣发展文化事业和文化产业贡献自己的一份力量。

思考与练习

一、选择题

（1）我国主要采用（　　）电视制式。

  A. PAL   B. NTSC   C. SECAM   D. HDTV

（2）Premiere Pro CS6 中剪辑的最小单位是（　　　）。

　　A. 毫秒　　　　　　　B. 秒　　　　　　　C. 分钟　　　　　　　D. 帧

（3）序列的轨道上显示（　　　）线条时，视频与效果能流畅播放。

　　A. 红色　　　　　　　B. 绿色　　　　　　　C. 黄色　　　　　　　D. 蓝色

二、填空题

（1）在Premiere Pro CS6中要保存项目，可以按____组合键。

（2）PAL制式的帧速率是____帧/秒。

（3）除了"时间轴"面板，还可以在"____"面板中对素材进行标记。

三、判断题

（1）"项目"面板主要用于实时显示目前剪辑的视频画面。（　　　）

（2）720P的视频比1080P的视频更加清晰。（　　　）

（3）SECAM制式的帧速率是25帧/秒。（　　　）

四、实操题

1. 课堂练习

【练习知识要点】新建项目文件，使用"文件"|"导入"命令导入4张照片，然后添加背景音乐，制作"家有萌宠"视频，效果如图1-51所示。

图1-51

2. 课后习题

【习题知识要点】使用"编辑"|"首选项"|"界面"命令设置Premiere Pro CS6的界面颜色为亮色，调整工作区中各面板的位置，以符合自己的工作习惯，选择"文件"|"工作区"|"新建工作区"命令保存当前的工作区设置。

第 2 章　视频剪辑基础

视频剪辑是确定视频内容的重要操作，本章将详细讲解如何使用 Premiere Pro CS6对视频素材进行剪辑，帮助读者熟练掌握视频剪辑的技术与技巧。

▌📖 课堂学习目标

- ➤ 了解常用剪辑工具。
- ➤ 掌握使用"源"面板剪辑素材的方法。
- ➤ 掌握整理视频素材的方法。
- ➤ 熟悉时间与轨道的操作。
- ➤ 掌握创建新元素的方法。

认识剪辑

剪辑就是通过选择、分解、取舍与组接等手段将大量素材处理成一个连贯流畅、含义明确、主题鲜明并具有艺术感染力的作品。

2.1.1 什么是剪辑

剪辑可以理解为裁剪、编辑，是视频制作过程中非常重要的一个环节，它能影响作品的叙事、情感、节奏，在一定程度上决定了作品的质量好坏。把拍摄的镜头、段落加以剪裁，并按照一定的结构将它们组接起来，这是剪辑工作的基本流程。剪辑的本质就是通过主体动作的分解、组合来完成蒙太奇形象的塑造，从而完善故事情节，传达故事内容，让观众了解故事。

剪辑的六要素是信息、动机、镜头构图、摄像机角度、连贯、声音。剪辑的六原则是情感、故事、节奏、视线、二维特性、三维连贯性。

剪辑的核心目的应该是讲一个好故事，让故事吸引人。但好的剪辑并不只是将故事片段串联起来，更要通过后期的技巧与二次创作的思维将故事升华，创造出更好的氛围与视听效果。镜头的组合是电影艺术感染力之源，通过两个镜头的并列形成新的特质，产生新的含义。

蒙太奇是一种剪辑理论，多指具有特殊效果的剪辑手法。蒙太奇思维符合辩证法，能揭示事物和现象之间的内在联系，让人们可通过感性表象理解事物的本质。将不同的场景镜头进行组接，会产生新的、不同的含义，这种含义是抽象的。例如，第一个镜头是一个望着窗外的男性的背影，下一个镜头是一个正在拉小提琴的女性，人们就会想象这两个人之间的关系和故事。如果第一个镜头是一个望着窗外的男性的背影，下一个镜头是入夜时分停留在枝头的一只小鸟，人们就会想象这个人是孤寂的，如图2-1所示。这就是剪辑的基础原理，通过对不同镜头的合理组接，可以营造出不同的时空关系、故事逻辑，以及人物情绪。

图2-1

视频剪辑就是组接一系列拍摄好的镜头，镜头经过剪裁和组装，融合为一部视频。在对素材进行剪辑加工的过程中，必须要突出主题，同时合乎思维逻辑。无论是用跳跃思维还是逆向思维都要符合规律，不能为了使用剪辑技巧脱离剧情需要，镜头的视觉代表观众的视觉，它决定了画面中主体的运动方向和关系。静与动、长与短、快与慢的对比都要注意每个镜头的持续时间，对比技术能使画面富有冲击力。

2.1.2 常用剪辑工具

在进行视频剪辑前，我们需要掌握一些常用的剪辑工具。常用的剪辑工具都在靠近"时间轴"面板的一个小面板内，如图2-2所示，这就是"工具"面板。

➤ **选择工具** ：进入Premiere Pro CS6之后默认选择的工具，主要用于执行Premiere Pro CS6剪辑过程中的基础操作，如选择对象和拖动视频素材。

➤ **轨道选择工具** ：选择该工具，单击任意一段素材，那么以这段素材为起点，沿着时间轴向右的单行轨道中的所有素材（包括视频和音频）都会被选中。

➤ **波纹编辑工具** ：使用该工具缩短某一段素材时，与之相邻的素材会无缝衔接上来；拉长这段素材时，相邻的素材会被推开。

➤ **滚动编辑工具** ：使用该工具缩短或拉长某一段素材时，相邻素材的位置不会产生变化，但长度会变化。

➤ **速率伸缩工具** ：选择该工具，将鼠标指针放置于任意素材的任意边缘，按住鼠标左键，向左或向右拖动鼠标即可改变素材的播放速率。

➤ **剃刀工具** ：用于执行基本的剪断操作，即对视频、音频、图片和调整图层等可以一起放置在"时间轴"面板中的素材在任意帧位置执行剪断操作。

➤ **错落工具** 和"滑动工具" ：用于处理一段素材与左右两端相邻素材间的联系，即3段素材间的联系。 图2-2

➤ **钢笔工具** ：可以用于设置素材的关键帧。

➤ **手形工具** ：可以直接在素材上左右拖动，以实现对"时间轴"面板中所有轨道的左右拖动，且不触及任何素材（选择"手形工具" 时素材无法被选中）。

➤ **缩放工具** ：使用该工具可以放大或缩小任意一段素材的显示长度（非实际素材长度），我们不需要理会时间线控制条的位置，只需要在素材上单击数次，即可将其显示长度放大到可编辑的状态。

2.1.3 剪辑的规律

视频中镜头的前后顺序是有规律可循的，在视频编辑的过程中往往会根据剧情需要，选择不同的组接方式。镜头组接的总原则是：合乎逻辑，衔接巧妙。镜头组接应注意以下几点内容。

1. 符合观众的思维方式和影视表现规律

镜头的组接不能随意，必须要符合生活的逻辑和观众思维的逻辑。因此，影视节目要表达的主题与中心思想一定要明确，这样才能根据观众的心理要求（即思维逻辑）来考虑选用哪些镜头，以及怎样将它们有机地组合在一起。

2. 遵循镜头调度的轴线规律

"轴线规律"是指拍摄的画面是否有"跳轴"现象。在拍摄的时候，如果摄像机的位置始终在主体运动轴线的同一侧，那么构成画面的运动方向、放置方向都是一致的，否则称为"跳轴"。"跳轴"的画面一般情况下是无法组接的。在进行组接时，遵循镜头调度的轴线规律拍摄的镜头，能使镜头中主体的位置、运动方向保持一致，合乎人们观察事物的规律，否则就会出现方向性混乱。

3. 景别的过渡要自然、合理

表现同一主体的两个相邻镜头组接时要遵守以下原则。

➤ 两个镜头的景别要有明显变化，不能把同机位、同景别的镜头相接。因为同一环境里的同一对象，机位不变，景别又相同，两镜头相接后会产生主体的跳动。

> 景别相差不大时，必须改变摄像机的机位，否则也会产生明显跳动，好像从连续镜头中截去一段。
> 对不同主体的镜头进行组接时，同景别或不同景别的镜头都可以组接。

4．镜头组接要遵循"动接动"和"静接静"的规律

如果画面中同一主体或不同主体的动作是连贯的，可以动作接动作，达到顺畅、简洁过渡的目的，称为"动接动"。如果两个画面中的主体的动作是不连贯的，或者它们之间有停顿，那么这两个镜头的组接必须在前一个画面主体做完一个完整动作停下来后，再接上一个从静止到运动的镜头，称为"静接静"。

"静接静"组接时，前一个镜头结尾停止的片刻叫"落幅"，后一个镜头运动前静止的片刻叫"起幅"。起幅与落幅时间间隔大约为1~2s。运动镜头和固定镜头组接，同样需要遵循这个规律。如果一个固定镜头要接一个摇镜头，则摇镜头开始时要有起幅；相反一个摇镜头接一个固定镜头，那么摇镜头要有落幅，否则画面就会给人一种跳动的视觉感受。有时为了实现某种特殊效果，也会用到"静接动"或"动接静"。

5．光线、色调的过渡要自然

在组接镜头时，我们要注意相邻镜头的光线与色调不能相差太大，否则会导致镜头组接太突然，使人感觉视频不连贯、不流畅。

2.1.4　课堂案例——制作缓入效果

下面使用"钢笔工具" 为一段素材制作缓入效果。

（1）启动Premiere Pro CS6，按"Ctrl+O"组合键打开路径文件夹中的"缓入.prproj"项目文件，进入工作界面后可以看到"时间轴"面板中已经添加的视频素材，如图2-3所示。

扫码看微课

（2）单击"视频1"轨道上的"折叠-展开轨道"按钮▶展开轨道，可以看到展开的素材上有一条黄线，如图2-4所示。

（3）将时间线移动到素材的开始位置，选择"钢笔工具" ，在时间线与素材上黄线的交点处单击添加一个点，如图2-5所示。

图2-3　　　　　　　　　　图2-4　　　　　　　　　　图2-5

（4）单击"时间轴"面板中的时间码，输入"00:00:02:00"，按"Enter"键，在时间线与黄线的交点处单击添加一个点，如图2-6所示。

（5）将鼠标指针移动到素材上的第1个点，向下拖动并拖动到最低，如图2-7所示。

（6）将时间线移动到素材的开始位置，按"空格"键，可在"节目"面板中预览素材变速后的效果，如图2-8所示。

图2-6　　　　　　　　　　图2-7　　　　　　　　　　图2-8

认识"源"面板

在将素材放进视频序列之前，可以在"源"面板中对素材进行预览和修整。我们要使用"源"面板预览素材，只要将"项目"面板中的素材拖入"源"面板（或双击"项目"面板中的素材），然后单击"播放-停止切换"按钮 ▶ 即可，如图2-9所示。

图2-9

2.2.1 常用功能按钮

在"源"面板下方有一排功能按钮，如图2-10所示。

图2-10

功能按钮具体说明如下。

➢ **添加标记** ♥：单击该按钮，可在时间线位置添加一个标记；按快捷键为"M"也可在时间线位置添加一个标记。添加标记后再次单击该按钮，可打开"标记设置"对话框。

➢ **标记入点** ：单击该按钮，可将时间线所在位置标记为入点。

➢ **标记出点** ：单击该按钮，可将时间线所在位置标记为出点。

➢ **转到入点** ：单击该按钮，可将时间线快速跳转到片段的入点位置。

➢ **后退一帧（左侧）** ：单击该按钮，可以使时间线向左侧移动一帧。

➢ **播放-停止切换** ：单击该按钮，可使素材片段播放或停止。

➢ **前进一帧（右侧）** ：单击该按钮，可以使时间线向右侧移动一帧。

➢ **转到出点** ：单击该按钮，可以使时间线快速跳转到片段的出点位置。

➢ **插入** ：单击该按钮，可将"源"面板中的素材插入序列中时间线的后方。

➢ **覆盖** ：单击该按钮，可将"源"面板中的素材插入序列中时间线的后方，并会对序列中原有的素材进行覆盖。

➢ **导出帧** ：单击该按钮，会弹出"导出单帧"对话框，如图2-11所示，用户可选择将时间线所处位置的单帧画面图像进行导出。此外，还有一些关于编辑与拖动视频、音频的功能按钮。

➢ **按钮编辑器** ：单击该按钮，将打开图2-12所示的"按钮编辑器"，用户可根据实际需求调整按钮的布局。

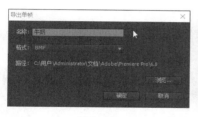

图 2-11

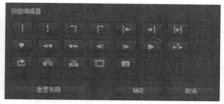

图 2-12

> ➢ **仅拖动视频**：将鼠标指针移动至该按钮上，出现手掌形状图标后，用户可将视频素材中的视频单独拖动至序列中。
> ➢ **仅拖动音频**：将鼠标指针移动至该按钮上，出现手掌形状图标后，用户可将视频素材中的音频单独拖动至序列中。

2.2.2　添加标记

在"源"面板中打开素材后，按"空格"键播放当前素材内容（再次按"空格"键即可暂停），或单击播放条下方的"播放-停止切换"按钮 ▶ 播放当前素材内容。也可以拖动时间滑块 来快速查看当前素材内容，如图2-13所示。

在播放过程中，单击"添加标记"按钮 或按"M"快捷键（输入法切换成英文）可以标记指定画面，如图2-14所示。该功能经常用于卡点，对一段素材进行标记操作后，"源"面板中的播放条上会出现标记符号，如图2-15所示。

图 2-13

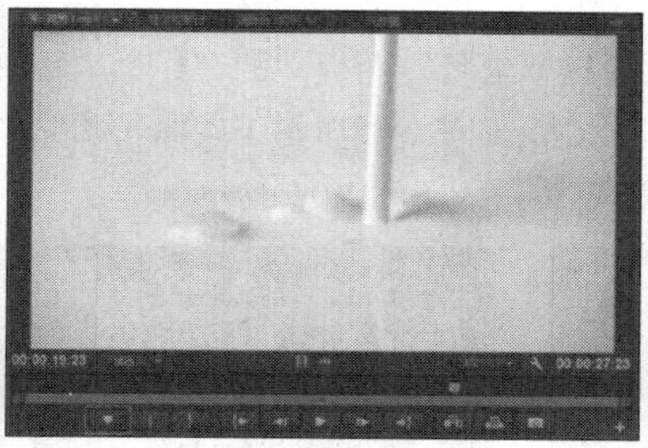

图 2-14

图 2-15

🔔 **提示**

在空白区域右击鼠标，在弹出的快捷菜单中选择"转到下一个标记"命令或者"转到上一个标记"命令，时间滑块将直接跳转到下一个或上一个标记的位置，以便查找标记的时间码或画面。

"源"面板、"节目"面板和"时间轴"面板中都有播放条，且都有一样的标记符号，其功能都是一样的。我们将有标记的素材拖动到"时间轴"面板后，序列中也会保留一样的标记。

2.2.3　插入与覆盖编辑

若使用一个素材的多个片段，我们可以单击"插入"按钮 将当前片段直接插入"时间轴"面板，如图2-16所示。然后继续编辑，继续插入。需要注意的是，我们在单击"插入"按钮 时，素材片段是插入"时间轴"面板中时间线的后面，单击"覆盖"按钮 是使用当前片段覆盖掉时间线后面的剪辑片段，如图2-17所示。

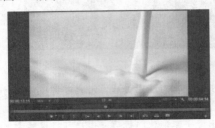

图2-16

图2-17

🔔 提示

我们使用"插入"按钮 插入片段时，凡是处于时间线之后（包括部分处于时间线之后）的素材都会向后移。如果时间线位于轨道中的素材之上，插入新的素材会把原有素材分为两段，直接插在其中，原有素材的后半部分将会向后移，接在插入的素材之后。

2.2.4 提升与提取编辑

通过对序列进行提升或提取，我们可以从"时间轴"面板中轻松移除素材片段。

将素材拖动到"时间轴"面板，通过"节目"面板中的"标记入点"按钮 和"标记出点"按钮 选取一段视频，单击"提升"按钮 ，如图2-18所示。此时，我们会发现"时间轴"面板中选取的素材被删除了，但保留了被删除素材的位置，如图2-19所示。

图2-18

图2-19

单击"提取"按钮 ，会把选取的素材删除，且不保留被删除素材的位置，如图2-20所示。

图2-20

2.2.5 课堂案例——设置素材的入点和出点

在使用素材时，我们通常只会使用其中一段，这时就可以在"源"面板中通过单击"标记入点"按钮 和"标记出点" 按钮来设置素材的播放起点和结束点。下面我们将介绍具体操作方法。

（1）启动Premiere Pro CS6，打开路径文件夹中的"设置素材的入点和出点.prproj"项目文件，进入工作界面后双击"项目"面板中的素材，"源"面板中会显示该素材。

（2）播放素材或拖动时间滑块，找到需要的视频片段的起点，单击"标记入点"按钮 （快捷键为"I"），设置视频入点，如图2-21所示。

（3）继续播放素材或拖动时间滑块，找到需要的视频片段的结束点，单击"标记出点"按钮 （快捷键为"O"），设置视频出点，如图2-22所示。

图2-21 图2-22

扫码看微课

（4）将"项目"面板中的素材拖动到"时间轴"面板，此时，"时间轴"面板中的素材就是截取后的视频片段。单击"转到入点"按钮 （或按"Shift+I"组合键）或"转到出点"按钮 （或按"Shift+O"组合键），将时间线移动到对应的时间点，如图2-23所示。

图2-23

2.3
素材编辑

本节将讲解素材的编辑，包括图层模式、素材编组、重命名素材、替换素材、失效和启用素材、打包素材等内容。我们熟悉素材编辑技巧可以增加剪辑的容错率，提升工作的效率。

2.3.1 图层模式

图层模式一般指混合模式，是指将调整图层放置在任何视频素材上方，对调整图层添加的任意效果都会应用到该图层下方的视频素材中，且不会对视频素材本身做任何修改。

在"项目"面板的空白部分右击鼠标，在弹出的快捷菜单中选择"新建分项"|"调整图层"命令，如图2-24所示。然后在"调整图层"对话框中单击"确定"按钮，如图2-25所示。这里之所以不设置相关参数，是因为这些参数会根据序列设置自动匹配。

将"视频1.mp4"与"调整图层"从"项目"面板拖动到"时间轴"面板，将调整图层放置到"视频1.mp4"上方轨道，且与该视频长度相等，如图2-26所示。对调整图层添加的任意效果都会应用到"视频1.mp4"中，但是如果删除调整图层或隐藏调整图层所在的轨道，这些效果都会随着调整图层消失。

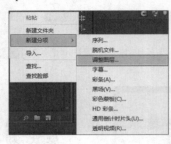
图 2-24

图 2-25

图 2-26

> 🔔 **提示**
>
> 将某一素材上方轨道的调整图层延长或复制到其他素材的上方轨道时，该调整图层内的效果也会一同添加到这些素材上，这能为剪辑师节省大量时间。

2.3.2 素材编组

我们在操作时可对多个素材进行编组处理，将多个素材转换为一个整体，便于同时选择或添加效果。

把多个素材导入"项目"面板中，将"素材1.mp4"和"素材2.mp4"拖动到"时间轴"面板的"视频1"轨道上，将"素材3.mp4"拖动到"视频2"轨道上，起始时间为00:00:02:00，结束时间为"视频1"轨道上"素材1.mp4"的结束时间，如图2-27所示。

对"素材1.mp4"和"素材3.mp4"进行编组，以便为素材添加相同的视频效果。选择"素材1.mp4"和"素材3.mp4"，右击素材图标，在弹出的菜单中选择"编组"命令，如图2-28所示。此时可同时选择或移动上述两个素材，如图2-29所示。

图 2-27

图 2-28

图 2-29

2.3.3　重命名素材

我们对导入Premiere Pro CS6中的素材进行重命名，可以使操作时的素材更加清晰，同时便于素材的整理。

我们将素材导入"项目"面板后，在"项目"面板中右击需要进行重命名的素材，在弹出的快捷菜单中选择"重命名"命令，输入新名称后单击"项目"面板的空白处即可完成重命名操作，如图2-30所示。

图 2-30

提示

除上述方法，还有一种比较便捷的重命名方式，即在"项目"面板中选择素材，然后在素材名称位置单击素材名称，即可激活文本框，此时可进行重命名操作。

2.3.4　替换素材

我们在为"时间轴"面板中的素材添加效果后，若对素材画面不满意，可在"项目"面板中找到需要替换的素材，右击素材图标，在弹出的快捷菜单中选择"替换素材"命令，然后在弹出的对话框中选择用于替换的素材"视频1.mp4"，单击"选择"按钮，如图2-31所示。

随后素材被成功替换，如图2-32所示。

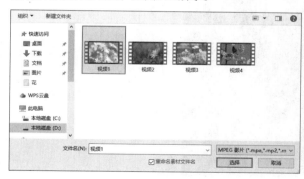

图 2-31

图 2-32

2.3.5　失效和启用素材

我们在打开已经制作完成的项目文件时，有时压缩或转码会导致素材失效，此时就需要对素材进行恢复和启用。

我们将素材添加至"时间轴"面板后,若在操作中暂时用不到素材,则可以右击素材,在弹出的快捷菜单中取消勾选"启用"命令,如图2-33所示。

我们执行上述操作后,在"时间轴"面板中可以看到失效的素材颜色变暗,同时素材对应的画面将变为黑色,如图2-34和图2-35所示。

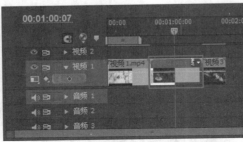
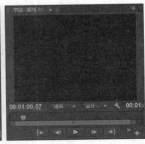

图2-33　　　　　　　　　　图2-34　　　　　　　　　　图2-35

我们若想启用素材,则右击素材,在弹出的快捷菜单中勾选"启用"命令。完成该操作后,素材画面将重新显示。

2.3.6　打包素材

我们在制作视频的过程中,如果文件移动到其他位置,重新打开后可能会出现素材丢失的情况。为了避免这种情况,在制作阶段,我们可以将素材打包。下面介绍打包素材的方法。

在菜单栏中选择"项目"|"项目管理"命令,弹出"项目管理"对话框,然后勾选"序列01"复选框,该序列是需要应用的序列文件;在"生成项目"选项组中选择"收集文件并复制到新的位置",接着单击"浏览"按钮,选择项目目标路径,最后单击"确定"按钮,如图2-36所示,即可完成素材的打包。

图2-36

2.3.7　课堂案例——素材嵌套

我们在进行视频制作时,将"时间轴"面板中的素材以嵌套的方式转换为一个素材,便于素材的操作与归纳。下面我们介绍将"时间轴"面板中的素材进行嵌套的方法。

（1）启动Premiere Pro CS6，按"Ctrl+O"组合键打开路径文件夹中的"素材嵌套.prproj"项目文件，进入工作界面后可以在"时间轴"面板上看到已经添加的素材。

（2）框选全部素材，在时间轴素材片段上方右击鼠标，在弹出的快捷菜单中选择"嵌套"命令，如图2-37所示。两个素材合并成一个嵌套序列，如图2-38所示。

（3）此时给"嵌套序列01"添加效果，两个素材会同时添加效果。双击"嵌套序列01"，就能够对每个素材单独编辑，如图2-39所示。

图 2-37

图 2-38

图 2-39

2.4
时间与轨道

在Premiere Pro CS6中，我们对"时间轴"面板中的"时间"与"轨道"的运用，是必不可少的剪辑操作，本节将详细介绍相关知识，包括轨道的添加与删除、素材播放速度的设置等。

2.4.1 轨道的添加与删除

Premiere Pro CS6支持用户添加多条视频轨道、音频轨道或音频子混合轨道，以满足编辑需求。我们进入Premiere Pro CS6的工作界面后，在轨道编辑器的空白区域右击鼠标，在弹出的快捷菜单中选择"添加轨道"命令，弹出"添加视音轨"对话框，在其中可以添加视频轨道、音频轨道和音频子混合轨道。单击"视频轨"选项组中"添加"后的数字"1"，激活文本框，输入"2"，如图2-40所示，单击"确定"按钮，即可在序列中新增两条视频轨道，如图2-41所示。

图 2-40

图 2-41

下面介绍轨道的删除操作。在轨道编辑器的空白区域右击鼠标，在弹出的快捷菜单中选择"删除轨道"选项，在"删除轨道"对话框中勾选"删除音频轨"复选框，如图2-42所示，然后单击"确定"按钮，即可删除音频轨道。

图 2-42

2.4.2 设置素材播放速度

我们将素材进行快放或慢放，可以增强画面的表现力。在Premiere Pro CS6中，我们可以通过调整素材的播放速度来实现素材的快放或慢放，下面介绍两种设置素材播放速度的方法。

1. 在"时间轴"面板中设置

在"时间轴"面板中右击需要的素材，在弹出的快捷菜单中选择"速度/持续时间"，如图2-43所示。

在弹出的"素材速度/持续时间"对话框中，将"速度"调整为200%，可以看到"速度"下方的"持续时间"变短了，设置完成后，单击"确定"按钮，如图2-44所示。此时，"时间轴"面板中素材的时长缩短了，如图2-45所示。

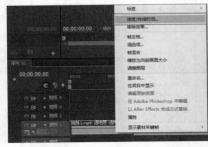

图 2-43   图 2-44   图 2-45

2. 通过"速率伸缩工具"设置

在"工具"面板中选择"速率伸缩工具" ，将鼠标指针移动到素材的起点或终点，接着向右或向左拖动时间轴素材片段，如图2-46所示，此时素材的长度将发生变化，如图2-47所示。

图 2-46   图 2-47

2.4.3 分割素材

在Premiere Pro CS6中，当素材被添加到"时间轴"面板中的轨道后，我们可以对素材进行分割来进行后续操作，可以应用"工具"面板中的"剃刀工具"来完成对素材的分割，具体操作步骤如下。

将时间线移动到需要的位置，然后在"工具"面板中选择"剃刀工具"，将鼠标指针移动至素材时间线上方的位置并单击，即可将素材按当前时间线所处位置进行分割，如图2-48所示。

图 2-48

> **技巧**
>
> 如果要将多个轨道上的素材在同一位置分割，可以按住"Shift"键，此时会显示多重刀片，轨道上未锁定的素材都会在该位置被分割。

2.4.4 波纹删除素材

"波纹删除"命令能提高工作效率，常搭配"剃刀工具"一起使用。在剪辑时，我们一般会将废弃的片段进行删除，但直接删除素材往往会留下空隙。而执行"波纹删除"命令则可以在删除素材的同时将前后素材自动连接在一起。

波纹删除素材的操作很简单，我们在"时间轴"面板中右击需要删除的素材，在弹出的快捷菜单中选择"波纹删除"命令，选中的素材将被删除，且后方的素材会自动向前移动，填补删除素材后留下的空隙，如图2-49所示。

图 2-49

2.4.5 课堂案例——制作旋转变速效果

下面为素材"旋转的草莓"制作一段由快变慢再变快的变速效果。

（1）启动Premiere Pro CS6，按"Ctrl+O"组合键打开路径文件夹中的"调整播放速度.prproj"项目文件。

（2）将"时间轴"面板中的时间线移动到00:00:08:00处，选择"剃刀工具" ，单击素材上时间线所在位置进行分割，然后将时间线移动到00:00:13:00处再次分割素材，如图2-50所示。

（3）选择"速率伸缩工具" ，将鼠标指针移动到第一段素材的终点，接着向左拖动对齐音频素材的第1个标记。然后利用"速率伸缩工具" 将第二段素材的两端分别对齐第

图2-50

1个和第2个标记，第3段素材的两端分别对齐第2个标记与音频素材的终点，如图2-51所示。

（4）将时间线移动到素材的开始位置，按"空格"键，可在"节目"面板预览素材变速后的效果，如图2-52所示。

图2-51

图2-52

扫码看微课

2.5

新元素的创建

选择"文件"|"新建"菜单项，通过选择"彩条""黑场视频""字幕""颜色遮罩""HD彩条"等命令能快速创建一些实用的新元素，如图2-53所示。

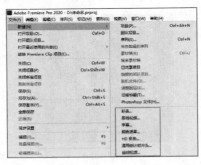

图2-53

2.5.1　通用倒计时片头

通用倒计时片头是一段倒计时视频素材，常被用作视频的开头。

在菜单栏中选择"文件"|"新建"|"通用倒计时片头"命令，弹出"新建通用倒计时片头"对话框，保持默认设置，单击"确定"按钮，如图2-54所示。在弹出的"通用倒计时设置"对话框中，单击"数字色"后的色块，如图2-55所示。

图 2-54

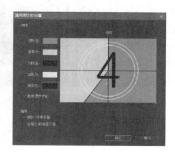

图 2-55

在弹出的"颜色拾取"对话框中，我们可根据喜好设置数字的颜色，这里将颜色设置为红色，然后单击"确定"按钮，如图2-56所示。返回"通用倒计时设置"对话框，我们可以用同样的方法设置其他颜色参数，如图2-57所示，在对话框右侧可以预览调整颜色后的效果。

图 2-56

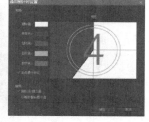

图 2-57

我们完成上述操作后，单击"确定"按钮，关闭对话框。此时我们可以看到"项目"面板中增加了"通用倒计时片头"素材，将其拖入"时间轴"面板中的"视频1"轨道，可在"节目"面板中预览画面效果，如图2-58所示。

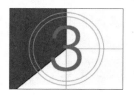

图 2-58

2.5.2 黑场视频

黑场视频是一段黑屏画面的视频素材，多用于转场，其默认的时间长度与默认的静止图像持续时间相同。在菜单栏中选择"文件"|"新建"|"黑场视频"命令，在弹出的"新建黑场视频"对话框中可自定义黑场视频的各项参数，如图2-59所示。

我们完成设置后，单击"确定"按钮，生成的"黑场视频"素材将添加至"项目"面板。将素材添加到"时间轴"面板后可在"节目"面板中预览素材效果，如图2-60所示。

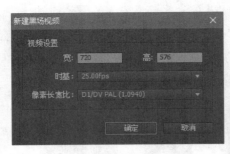

图 2-59 　　　　　　　　　　　　　　　　图 2-60

2.5.3　HD 彩条

HD彩条是一段带音频的彩条视频素材，也就是电视机在正式转播节目之前显示的彩条，多用于颜色的校对，其音频是持续的"嘟"声。在菜单栏中选择"文件"|"新建"|"HD彩条"命令，在弹出的"新建HD彩条"对话框中可自定义HD彩条的各项参数，如图2-61所示。

我们完成设置后，单击"确定"按钮，生成的"HD彩条"素材将添加至"项目"面板。我们将素材添加到"时间轴"面板后可在"节目"面板中预览素材效果，如图2-62所示。

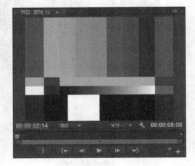

图 2-61 　　　　　　　　　　　　　　　　图 2-62

2.5.4　透明视频

透明视频是一段不含音频且画面透明的视频素材，相当于一个透明的图像素材，可用于时间占位或添加视频效果，生成具有透明背景的图像内容，或者编辑需要的动画效果。我们在菜单栏中选择"文件"|"新建"|"透明视频"命令，在弹出的"新建透明视频"对话框中可自定义透明视频的各项参数，如图2-63所示。我们完成设置后，单击"确定"按钮，生成的"透明视频"素材将添加至"项目"面板。

图 2-63

2.5.5　课堂案例——应用色彩调整效果

彩色蒙版相当于一个单一颜色的图像素材，可以作为背景色彩图像，也可以通过设置不透明度参数及图层混合模式，为下层视频轨道中的图像应用色彩调整效果，下面将以案例的形式进行演示。

（1）启动Premiere Pro CS6，按"Ctrl+O"组合键打开路径文件夹中的"彩色蒙版.prproj"项目文件。

（2）在菜单栏中选择"文件"|"新建"|"彩色蒙版"命令，打开"新建彩色蒙版"对话框，保持默认设置，单击"确定"按钮，如图2-64所示。

（3）弹出"颜色拾取"对话框，在其中设置蒙版颜色为蓝色，完成设置后单击"确定"按钮，如图2-65所示。

（4）弹出"选择名称"对话框，用户可自定义彩色蒙版的名称，这里保持默认名称不变，单击"确定"按钮，如图2-66所示。

图2-64

图2-65

图2-66

（5）完成上述操作后，创建的"彩色蒙版"素材将自动添加至"项目"面板，将该素材拖入"时间轴"面板中的"视频2"轨道，使其与"视频1"轨道中的"花蝴蝶.mp4"两端对齐，如图2-67所示。

（6）在"时间轴"面板中选择"彩色蒙版"素材，然后在"特效控制台"面板中展开"透明度"属性栏，设置"混合模式"为"差值"，如图2-68所示。

图2-67

图2-68

（7）完成上述操作后，可在"节目"面板中预览最终效果。添加彩色蒙版前后的效果如图2-69所示。

图2-69

> 🔔 **提示**
>
> 在"项目"面板或"时间轴"面板中双击"彩色蒙版"素材，我们可以打开"颜色拾取"对话框修改当前蒙版颜色。

2.6 课后实训——制作城市宣传片

城市的宣传片需要展现出一座城市的历史文化与地域文化特色，塑造城市的形象。本节将通过Premiere Pro CS6制作一段城市宣传片，通过该实训的练习，读者可了解素材剪辑的技术与技巧。

1. 新建项目和序列

本实训首先在软件中新建项目和序列，然后进行导入素材并分割、调整图层等一系列操作。

（1）启动Premiere Pro CS6，在欢迎对话框中单击"新建项目"按钮，如图2-70所示。

（2）弹出"新建项目"对话框，设置项目名称和项目存储位置，单击"确定"按钮，如图2-71所示。

扫码看微课

（3）在弹出的"新建序列"对话框中选择"设置"选项卡，设置参数如图2-72所示，单击"确定"按钮，关闭对话框。

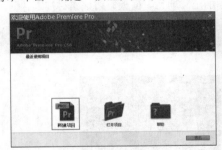
图 2-70

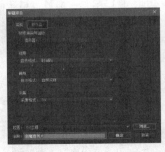
图 2-71

图 2-72

2. 导入素材

新建项目和序列之后，我们便可以打开素材所在的文件夹，将事先准备好的素材导入"项目"面板中，下面介绍具体的操作方法。

（1）打开素材所在文件夹，选择要导入的视频素材与音频素材，将这些素材拖动到"项目"面板中，如图2-73所示。

（2）导入素材后，可以在"项目"面板中看到已导入的素材，如图2-74所示。

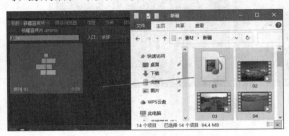
图 2-73

图 2-74

3. 添加背景音乐

下面我们将为视频添加背景音乐，一个完整的视频，通常是由画面和音频这两个部分组成的，音频是不可或缺的，原本普通的视频画面，只要配上调性明确的背景音乐，就能打动人心。

（1）双击音频素材"背景音乐.mp3"，"源"面板中会出现预览界面。单击"源"面板中的"播放-停止切换"按钮 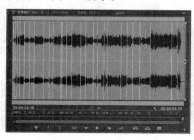，系统开始播放音乐，单击"添加标记"按钮 或按"M"键（输入法切换成英文），在音乐的变奏处添加标记，标记完成后，"源"面板中的播放条上会出现标记符号，如图2-75所示。

（2）将标记好的素材"背景音乐.mp3"拖动到"时间轴"面板的"音频2"轨道上，序列中会保留一样的标记，如图2-76所示。

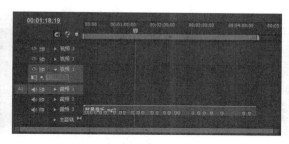

图2-75   图2-76

4．剪辑并添加视频素材

下面我们将通过为素材设置"入点和出点"的方式快速截取有效片段，并将其添加至"时间轴"面板，方便后续对素材片段进行编辑。

（1）在"项目"面板中双击"01.mp4"素材，"源"面板中会显示该素材，将时间线拖动到00:00:00:00处，单击"标记入点"按钮 ，设置视频的入点；然后将时间线拖动到00:00:05:19（画面变暗之前）处，单击"标记出点"按钮 ，设置视频的出点，如图2-77所示。

（2）入点和出点标记好后，将"01.mp4"素材拖动到"时间轴"面板的"视频1"轨道上，如图2-78所示。

图2-77   图2-78

（3）按"空格"键或单击"节目"面板中的"播放-停止切换"按钮 ，即可观看插入的视频。此时我们会发现素材尺寸过小，视频周围出现黑边，如图2-79所示。

（4）在"节目"面板中双击素材，视频周围出现控制框，拖动控制框调整视频的大小，如图2-80所示。

图2-79   图2-80

（5）参考以上步骤，继续将"02.mp4"至"12.mp4"各段素材添加到"时间轴"面板，如图2-81所示。

（6）在"时间轴"面板框选全部素材，并在素材片段上右击鼠标，在弹出的快捷菜单中选择"解除视音频链接"命令，如图2-82所示。

图2-81　　　　　　　　　　　　　　　　　图2-82

（7）选择"轨道选择工具"，单击"音频1"轨道上的"02.mp4"素材，即可选中"音频1"轨道中的所有素材，如图2-83所示。

（8）按"Delete"键，删除"音频1"轨道的所有素材，如图2-84所示。

图2-83　　　　　　　　　　　　　　　　图2-84

5. 设置素材播放速度

下面将利用"速率伸缩工具"来调整素材的播放速度，使它们与标记对齐。

（1）选择"速率伸缩工具"，将鼠标指针移动到"01.mp4"素材的尾端，向左拖动素材片段，使"01.mp4"素材的终点与第一个标记对齐，如图2-85所示。

（2）利用"速率伸缩工具"调整其他素材，使它们与对应的标记对齐，如图2-86所示。

图2-85　　　　　　　　　　　　图2-86

6. 分割音频素材

下面将利用"剃刀工具"来分割音频素材，并将多余的音频素材删除，使音频素材的长度和视频的长度保持一致。

（1）将时间线移至"12.mp4"素材的尾端，选择"剃刀工具"，单击此时间线在对应的"背景音乐.mp3"素材上的位置，如图2-87所示。

（2）选择"选择工具"，单击被分割出的音频素材，按"Deletel"键删除，如图2-88所示。

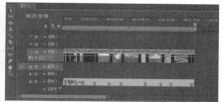

图 2-87　　　　　　　　　　　　　　　　图 2-88

7. 添加调整图层

下面新建调整图层，并为"01.mp4"素材、"02.mp4"素材和"03.mp4"素材添加"镜头光晕-横向移动"效果。

（1）选择"文件"｜"新建"｜"调整图层"命令，如图2-89所示。

（2）弹出"调整图层"对话框，保持默认设置，单击"确定"按钮，如图2-90所示。此时"项目"面板中会出现"调整图层"素材，如图2-91所示。

图 2-89　　　　　　　　　　　图 2-90　　　　　　　　　　　图 2-91

（3）将"调整图层"素材拖动到"时间轴"面板，选择"选择工具" ，将鼠标指针移动到"调整图层"素材尾端，向右拖动可调整图层片段至与"03.mp4"素材的尾端对齐，如图2-92所示。

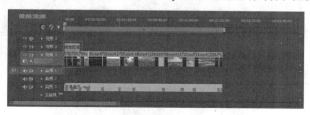

图 2-92

（4）切换到"效果"面板，在搜索框中输入"镜头光晕"，将搜索出的"镜头光晕-横向移动"效果拖动到"时间轴"面板中的"调整图层"素材，如图2-93所示。此时，"01.mp4"素材、"02.mp4"素材和"03.mp4"素材都被添加了"镜头光晕-横向移动"效果，如图2-94所示。

图 2-93　　　　　　　　　　　　　　　　图 2-94

8. 输出视频

我们在完成所有剪辑工作后，预览视频，确认无误后，即可输出成片。

（1）预览视频，确认不需要调整后，选择"文件"|"导出"|"媒体"命令或者按"Ctrl+M"组合键。

（2）弹出"导出设置"对话框，在"源缩放"下拉列表中选择"缩放以填充"，如图2-95所示，在"格式"下拉列表中选择"H.264"，如图2-96所示。

（3）单击"输出名称"后的名称，弹出"另存为"对话框，设置文件名及存储位置，单击"保存"按钮，如图2-97所示。

图2-95　　　　　　　　图2-96　　　　　　　　　　　　图2-97

（4）切换到"视频"选项卡，并向下拖动右侧滚动条，设置"电视标准"为"PAL"，然后勾选"以最大深度渲染"复选框，如图2-98所示。

（5）继续向下拖动右侧滚动条，设置"比特率编码"为"VBR,2次"，然后勾选"使用最高渲染质量""使用预览""使用帧混合"复选框，如图2-99所示，单击"导出"按钮。

图2-98　　　　　　　　　　　　　　　　图2-99

（6）弹出"编码"对话框，显示当前编码进度条，如图2-100所示。

图2-100

（7）导出完成后打开输出的视频，即可观看视频效果。

✍ 素养课堂

　　进入"5G时代"，越来越多的人开始创作视频，从事自媒体相关工作，而作为新时代的建设者，我们要认真学习党的二十大精神，时刻牢记习近平总书记的教诲，党的二十大报告指出"必须坚持守正创新""守正才能不迷失方向、不犯颠覆性错误，创新才能把握时代、引领时代"。既然活在当下，我们就应当肩负起我们这一代建设者的重任，培养"勇担重任，勇于奉献，勇克难关"的责任感，努力提升理论知识水平，增强自身业务能力，锻造百折不挠的开拓创新精神，在平凡岗位上创造不平凡的价值。

思考与练习

一、选择题

（1）▨工具可以执行剪辑软件最基本的剪断操作，它是（   ）。

  A. 选择工具   B. 错落工具   C. 剃刀工具   D. 滑动工具

（2）在Premiere Pro CS6中，用于标记的快捷键是（   ）。

  A. "I"   B. "O"   C. "M"   D. "Ctrl+M"

（3）下列素材中，（   ）可以为下层视频轨道中的图像应用色彩调整效果。

  A. 通用倒计时片头   B. HD彩条

  C. 透明视频   D. 彩色蒙版

二、填空题

（1）将素材拖动到"时间轴"面板后，按"Shift+____"组合键可以快速将时间线移动到入点对应的位置。

（2）按照导演的创作构思组接镜头的方法叫作____。

（3）_____是一段黑屏画面的视频素材。

三、判断题

（1）对调整图层添加的任意效果都会应用到该图层下方的视频素材中，并且不会对视频素材本身做任何修改。（   ）

（2）在剪辑时，如果要组接表现同一主体的两个相邻的镜头，其景别应该一致。（   ）

（3）利用"选择工具"▸拖动素材边缘可以调整素材播放速度。（   ）

四、实操题

1. 课堂练习

【练习知识要点】使用"文件"|"新建"|"通用倒计时片头"命令，新建"通用倒计时片头"素材，导入一段"新年"素材，然后添加背景音乐，制作"新年快乐"视频，效果如图2-101所示。

图2-101

2. 课后习题

【习题知识要点】新建项目与序列，将素材拖动到"时间轴"面板中。使用"项目"|"项目管理"命令，打包当前序列中的素材。

第 **3** 章 视频的切换与特效

Premiere Pro CS6为用户提供了许多视频切换效果以及视频特效,为素材添加转场效果与特效,可以使剪辑的画面富于变化,更加生动多彩。

本章将讲解如何在视频中添加转场效果和特殊效果,帮助读者熟练掌握Premiere Pro CS6的各种视频切换效果和视频特效的设置方法和技巧。

📖 **课堂学习目标**

➢ 掌握添加转场效果的方法。

➢ 熟悉常用转场效果。

➢ 掌握视频特效的使用技巧。

➢ 了解常用视频特效。

3.1
使用切换效果

Premiere Pro CS6中的视频切换效果即通常所讲的视频转场效果，在相邻素材之间运用划像、擦除、叠化等转换技巧，可以实现场景或情节之间的平缓过渡，达到丰富画面、吸引观众视线的效果。

3.1.1　什么是转场

镜头之间的过渡就是转场。转场分为无技巧转场与有技巧转场。无技巧转场是指使镜头之间自然过渡，也就是"硬切"，强调视觉上的流畅和逻辑上的连贯。有技巧转场指的是使用一些技巧连接前后镜头，如叠化、淡入/淡出、虚化、划入/划出等技巧。有技巧转场通常结合使用多种技巧，能让视频变得自然、流畅，常见的剪辑软件中都有相应的转场效果，如Premiere Pro CS6中的视频切换效果。

在Premiere Pro CS6中，用户选择任意一种视频切换效果，将其应用于两段素材之间，便可以实现画面场景的流畅切换，将这两段素材更好地融合在一起，在播放时可产生相对平缓或连贯的视觉效果，从而达到增强画面氛围感、吸引观众的目的，图3-1所示为VR发光转场效果示意图。

一般情况下，视频切换效果在同一轨道的两个相邻素材之间使用，也可以单独为一个素材添加视频切换效果。

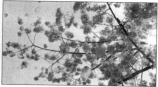

图3-1

3.1.2　调整转场参数

为素材添加视频切换效果后，用户可以使用以下两种方法调整转场参数。

1. 在"时间轴"面板中调整

在"时间轴"面板中选择要调整的切换效果，拖动切换效果的边缘即可改变切换效果的长度，如图3-2所示。

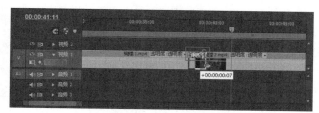

图3-2

2．在"特效控制台"面板中调整

用户单击素材中所添加的切换效果就可以打开"特效控制台"面板，单击"持续时间"后的数字，进入编辑状态，然后输入数值或者拖动切换效果的边缘进行调整，如图3-3所示。

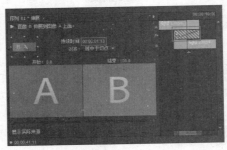

图3-3

3.1.3　设置默认转场

用户选择"编辑"|"首选项"|"常规"命令，可以在弹出的对话框中进行切换效果的设置，如图3-4所示。

用户可以将当前选定的切换效果设为默认转场。这样，在进行自动导入等操作时，用户所建立的都是该切换效果，而且可以分别设定视频切换和音频过渡的默认持续时间，如图3-5所示。

图3-4

图3-5

3.1.4　课堂案例——添加转场效果

Premiere Pro CS6中的视频切换效果都存放在"效果"面板的"视频切换"文件夹中，该文件夹中共包含10个分组文件夹，如图3-6所示。本案例具体讲解添加视频切换效果的操作方法。

扫码看微课

（1）启动Premiere Pro CS6，按"Ctrl+O"组合键打开路径文件夹中的"添加转场效果.prproj"项目文件。进入工作界面后，用户在"时间轴"面板中可以看到已经添加的两段素材，如图3-7所示。

（2）在"效果"面板中，展开"视频切换"卷展栏，将"叠化"卷展栏中的"交叉叠化（标准）"效果拖动到"时间轴"面板的两段素材之间，如图3-8所示。

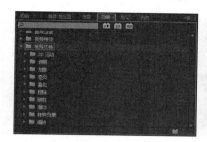

图3-6

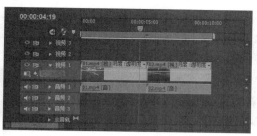

图3-7

图3-8

（3）添加转场效果后，可在"节目"面板预览视频，效果如图3-9所示。

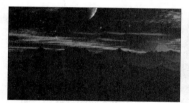

图3-9

常用转场效果

Premiere Pro CS6为用户提供了众多典型且实用的视频切换效果，并对这些视频切换效果进行了分组，包括"3D运动""伸展""划像""擦除"等，下面我们将对常用转场效果进行详细讲解。

3.2.1 3D 运动

"3D运动"特效组中的特效能使场景画面更具层次感，产生从二维到三维的视觉效果。图3-10所示为"3D运动"特效组中的10个特效。

本节将选择"3D运动"特效组中5个使用较多的特效进行介绍。

➢ **向上折叠**：将素材A像折纸一样向上翻折，越折越小，进而切换到素材B，效果如图3-11所示。在"特效控制台"面板中，勾选"反向"复选框可以修改翻折的方向。

图 3-10

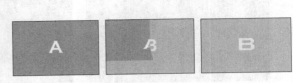

图 3-11

> 旋转：素材B以屏幕中心为轴进行旋转，从而将素材A遮盖住。在"特效控制台"面板中，用户可以设置两个素材的宽度和颜色。
> 筋斗过渡：素材A以屏幕中心为轴，边旋转边变小，进而显示出素材B。在"特效控制台"面板中，用户可以拖动滑块调整素材边框宽度，若想更改边框颜色，单击"边框颜色"后的色块即可自行选择颜色。
> 翻转：将两个素材当作一张纸的正反两面，模拟翻转纸张的效果来实现两个场景之间的切换。
> 门：将素材B像一扇门一样由外向里关闭来遮盖住素材A。用户在"特效控制台"面板中可以设置边框宽度、边框颜色以及转场方向等。

3.2.2 伸展

　　"伸展"特效组中的特效主要通过素材的变形来实现场景的切换，图3-12所示为"伸展"特效组中的4个具有拉伸效果的特效。

> 交叉伸展：使一个素材从一边伸展出现，另一个素材从另一边收缩消失。伸展的方向是可以调整的。
> 伸展：素材B从屏幕的一边伸展开来，将素材A逐渐遮盖住，效果如图3-13所示。

图 3-12

图 3-13

> 伸展覆盖：素材B在画面中心线放大伸展并逐渐覆盖素材A。
> 伸展进入：素材B横向拉伸后进入画面并结合叠化效果逐渐遮盖住素材A。

3.2.3 划像

　　"划像"特效组中的特效可将素材A进行伸展，并逐渐切换到素材B。图3-14所示为"划像"特效组中的7个特效。

　　本节将选择"划像"特效组中5个使用较多的特效进行介绍。

> 划像交叉：素材B以"十"字形在画面中心出现，然后由小变大并逐渐遮盖住素材A。效果如图3-15所示。

 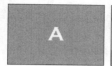  

图3-14   图3-15

> 划像形状：素材B以菱形在画面中心出现，然后由小变大并逐渐遮盖住素材A。在"特效控制台"面板中，划像的形状还可以设置为椭圆，形状的个数也可以设置为多个。
> 星形划像：素材B以星形在画面中心出现，然后由小变大并逐渐遮盖住素材A。
> 盒形划像：素材B以矩形在画面中心出现，然后由小变大并逐渐遮盖住素材A。如有要求，用户也可以设置为收缩。
> 菱形划像：素材B以菱形在画面中心出现，然后由小变大并逐渐遮盖素材A。

3.2.4 卷页

"卷页"特效组中的特效就是模仿翻开书页，打开下一页的动作。图3-16所示为"卷页"特效组中包含的5种特效。

> 中心剥落：将素材A从中心分割成4个部分并向四角卷起，最后露出素材B。效果如图3-17所示。

 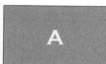  

图3-16   图3-17

> 剥开背面：将素材A从中心分割成4块并依次向对角卷起，最后露出素材B。
> 卷走：将素材A像卷画一样从画面一侧卷到另一侧，直至显示出素材B。
> 翻页：将素材A从一角卷起，从而露出素材B，卷起后的背面会显示出素材A。
> 页面剥落：将素材A像翻页一样从一角卷起，显示出素材B。

3.2.5 叠化

"叠化"体现为上一个素材消失之前，下一个素材已逐渐显露。图3-18所示为"叠化"特效组中包含的8种特效。

本节将选择"叠化"特效组中的5个使用较多的特效进行介绍。

> 交叉叠化（标准）：在素材A淡出的同时，素材B淡入，效果如图3-19所示。

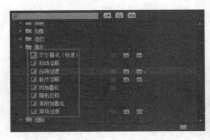

图3-18 图3-19

> 抖动溶解：在素材A以细小颗粒状逐渐淡出画面的同时，素材B以细小颗粒状逐渐淡入画面。
> 白场过渡：素材A逐渐淡化到白色场景，然后从白色场景淡化到素材B。
> 附加叠化：素材A以闪白方式淡出画面，然后素材B以闪白方式淡入画面。
> 随机反相：素材A以随机块的形式反转色彩，在反转后的画面中，素材B也以随机块的形式逐渐显示，直到完全覆盖素材A。

3.2.6 擦除

"擦除"特效组中的特效是通过两个场景的相互擦除来实现场景转换的。图3-20所示为"擦除"特效组中包含的17种特效。

本节将选择"擦除"特效组中的5种使用较多的特效进行介绍。

> 双侧平推门：素材A像两扇门一样被拉开，逐渐显示出素材B。
> 带状擦除：素材B在水平方向以条状形式进入画面，逐渐覆盖素材A，效果如图3-21所示。

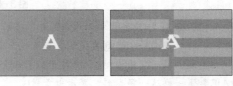

图3-20 图3-21

> 径向划变：素材B从素材A的一角扫入画面，并逐渐覆盖素材A。
> 棋盘：素材B分成若干个小方块以棋盘的形式出现，并逐渐布满整个画面，从而遮盖住素材A。
> 渐变擦除：用一张灰度图像制作渐变切换。应用该特效后，会弹出"擦除设置"对话框，在该对话框中用户可以自行选择文件夹中的任意图像，并进行柔和度的调节。在渐变转换中，素材B充满灰度图像的黑色区域，然后通过每一个灰度级开始显现进行转换，直到白色区域变得完全透明。

3.2.7 映射

"映射"特效组中的特效主要是通过混色原理和通道叠加来实现两个场景之间的转换的。图3-22所示为"映射"特效组包含的两种以映射方式过渡的特效。

➤ **明亮度映射**：素材A的亮度映射到素材B，然后显示出素材B。

➤ **通道映射**：在两个场景中选择不同的颜色通道并映射到输出画面上。应用该特效会弹出"通道映射设置"对话框，如图3-23所示。在这里用户可以自行设置素材场景之间的相互映射效果，这里是素材A的蓝色通道映射到素材B的红色通道，素材A的红色通道映射到素材B的绿色通道，素材A的绿色通道映射到素材B的蓝色通道，效果如图3-24所示。

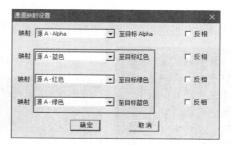

图 3-22　　　　　　　　　　　　　　　图 3-23

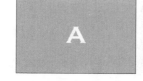

图 3-24

3.2.8 滑动

"滑动"特效组中的特效是通过场景的滑动来转换到相邻场景的。图3-25所示为"滑动"特效组包含的12种以场景滑动方式切换场景的特效。

本节将选择"滑动"特效组中5种使用较多的特效进行介绍。

➤ **中心合并**：素材A在画面中心以"十"字形逐渐向中心收缩，最终显示出素材B，效果如图3-26所示。

图 3-25　　　　　　　　　　　　　图 3-26

➢ 中心拆分：将素材A分成4块，逐渐从画面的4个角滑动出去，从而显示出素材B。
➢ 多旋转：素材B以多个方块，由小变大，旋转着进入画面，从而覆盖住素材A。
➢ 带状滑动：素材B以条状形式从两侧滑入画面，直至覆盖住素材A。
➢ 滑动：素材B从一侧滑入画面，从而覆盖住素材A。

3.2.9　特殊效果

"特殊效果"特效组中的特效是各种切换效果的混合体。图3-27所示为"特殊效果"特效组包含的3种特效。

➢ 映射红蓝通道：将素材A中的红蓝通道映射混合到素材B中，效果如图3-28所示。

 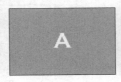  

图 3-27　　　　　　　　　　　　　　　　　　图 3-28

➢ 纹理：将素材A作为纹理贴图映射给素材B，然后覆盖素材A。
➢ 置换：将素材B的RGB通道替换给素材A。

3.2.10　缩放

"缩放"特效组中的特效都以场景的缩放来实现场景之间的转换。图3-29所示为"缩放"特效组中包含的4种特效。

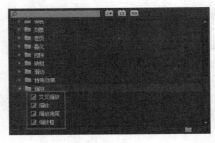

图 3-29

➢ 交叉缩放：先将素材A放大到最大，然后切换到素材B的最大化，最后将素材B缩放到适合大小，效果如图3-30所示。

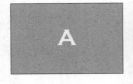  

图 3-30

> ➢ 缩放：素材B从素材A的中心处放大至覆盖素材A。
> ➢ 缩放拖尾：素材A缩小并产生拖尾的消失效果。
> ➢ 缩放框：素材B分为多个方块从素材A中放大出现。

3.2.11　课堂案例——运动集锦

下面以案例的形式讲解如何为素材添加合适的转场效果，制作一段"运动集锦"短片。

（1）启动Premiere Pro CS6，使用"Ctrl+O"组合键打开路径文件夹中的"运动集锦.prproj"项目文件。进入工作界面后，可以看到"时间轴"面板中已经添加了视频与音频素材，并且5段素材已经排列完成，如图3-31所示。

（2）打开"效果"面板，在搜索框中输入"白场过渡"，将搜索到的转场效果拖动到"时间轴"面板中"01. mp4"素材的尾端，如图3-32所示。

（3）在"时间轴"面板中，选择素材中间的"白场过渡"效果，打开"特效控制台"面板，如图3-33所示。

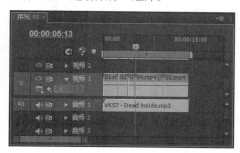

图 3-31

图 3-32

图 3-33

（4）单击"持续时间"后的数字，进入编辑状态，然后输入"00:00:00:10"，将转场效果的持续时间调整为10帧，按"Enter"键结束编辑，如图3-34所示。

（5）在"对齐"下拉列表中，选择"居中于切点"，如图3-35所示。

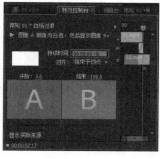

图 3-34

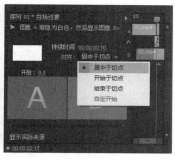

图 3-35

扫码看微课

（6）在"02.mp4"素材与"03.mp4"素材之间添加"伸展进入"效果，在"03.mp4"素材与"04. mp4"素材之间添加"圆划像"效果，在"04.mp4"素材与"05.mp4"素材之间添加"滑动"效果；将"持续时间"都调整为10帧，将"对齐"都设置为"居中于切点"，如图3-36所示。

图3-36

（7）完成上述操作后，在"节目"面板中可预览最终效果，如图3-37所示。

图3-37

使用视频特效

Premiere Pro CS6为用户提供了大量的视频特效，熟悉并巧妙运用这些视频特效能提升视频作品的趣味性，同时丰富的美术效果能使图像画面更加美观。

3.3.1 什么是视频特效

视频特效作为Premiere Pro CS6中的重要部分之一，其种类繁多、应用范围广。用户在制作作品时，使用视频特效可烘托画面氛围，将作品进一步升华，从而呈现出更加震撼的视觉效果。

Premiere中的视频特效是可以应用于视频素材或其他素材图层上的，通过添加特效并设置参数即可制作出许多绚丽效果。Premiere Pro CS6包含很多特效组，而每个特效组又包含很多特效。

不仅如此，Premiere Pro CS6的视频特效与关键帧轨道同步工作，这样可以修改时间轴上某一点的效果设置。用户只需要指定效果的开始设置、移动到另一个关键帧处，以及设置结束效果，在创建预览时Premiere Pro CS6会完成其他工作，即编辑帧之间的连接，使视频特效连贯起来，从而创建出随时间变化的流畅预览。

3.3.2 "特效控制台"面板

给"时间轴"面板上的素材添加特效之后，用户可以打开"特效控制台"面板来设置特效的各项参数。

具体操作方法为：给素材添加特效后，用户选择"时间轴"面板上的素材，打开"特效控制台"面板就可以看到所添加的特效，如图3-38所示。在这里用户就可以对特效的各项参数进行设置，从而达到想要的效果。

选中素材的名称会显示在面板的顶部。在素材名称的右侧有一个三角形按钮▶，单击这个按钮可以显示或隐藏"时间轴"面板。"特效控制台"面板左下方显示的时间表示"时间轴"面板中时间线所处的位置，在此处可以对特效的关键帧时间进行设置，如图3-39所示。

特效名称的左侧有一个"切换效果开关"按钮▣，在添加特效后，该按钮默认为打开状态，单击该按钮转变为灰色，代表特效被禁用。添加的特效左侧有一个三角形按钮▣，单击该按钮可展开特效参数，用户可对参数进行调整。在"特效控制台"面板中，展开特效，用户单击某一参数前的"切换动画"按钮▣，可以开启关键帧设置。在添加关键帧后，如果用户再次单击"切换动画"按钮▣，将关闭关键帧的设置，同时删除参数对应的所有关键帧，如图3-40所示。

图 3-38　　　　　　　　　　图 3-39　　　　　　　　　　图 3-40

3.3.3 "特效控制台"面板菜单

"特效控制台"面板菜单用于控制面板中的所有素材。用户将鼠标指针移动至"特效控制台"面板的顶部，右击面板名称区域，即可展开面板菜单，使用此菜单用户可以激活或禁用预览、选择预览质量，还可以启用或禁用效果，如图3-41所示。

图 3-41

3.3.4 课堂案例——为素材应用视频特效

用户为素材应用视频特效的方法与之前提到的添加视频切换效果的方法基本相同，即在"效果"面板中选择所需特效，将其拖动到"时间轴"面板的素材上，下面以案例的形式讲解具体操作。

（1）启动Premiere Pro CS6，按"Ctrl+O"组合键打开路径文件夹中的"应用视频特

扫码看微课

效.prproj"项目文件。进入工作界面后，用户在"时间轴"面板中可以看到已经添加的素材，如图3-42所示。

（2）打开"效果"面板，用户在搜索框中输入"镜头光晕"，将搜索到的效果拖动到"时间轴"面板中的素材上，如图3-43所示。

图3-42   图3-43

（3）此时"节目"面板中的视频效果如图3-44所示。

图3-44

 提示

一个素材可以应用多种效果，且同一个素材可以添加具有不同设置的同一种效果。

3.4

常用视频特效

用户在"效果"面板中展开"视频特效"卷展栏，可以看到其中包含的16组视频特殊效果，如图3-45所示。由于视频特效较多，本节将选取一些常用的视频特效进行讲解。

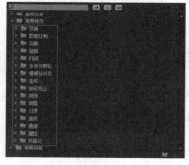

图3-45

3.4.1 扭曲

图3-46所示为"扭曲"特效组中包含的13种视频特效。

本节将选择"扭曲"特效组中5种使用较多的特效进行介绍。

➢ 偏移：产生半透明图像，然后与原图像产生错位，效果如图3-47所示。

图3-46   图3-47

➢ 变换：对图像的位置、缩放、不透明度、角度等进行综合设置。

➢ 弯曲：使素材画面在水平或者垂直方向上产生弯曲变形的效果，可以根据不同的尺寸和速率产生多个不同的波浪形状。

➢ 镜像：使图像沿指定角度的射线进行反射，从而形成镜像。反射角度决定哪一边被反射到什么位置，可以随时间改变镜像轴线和角度。

➢ 镜头扭曲：将图像的4个角进行弯折，从而制造镜头扭曲的效果。

3.4.2 时间

图3-48所示为"时间"特效组中包含的两种视频特效。

➢ 抽帧：使动态素材实现快动作、慢动作、倒放、静帧等效果，即为动态素材确定一个帧速率，使得素材跳帧播放并产生动画效果。

➢ 重影：可以混合一个素材中许多不同的帧，其用处很多，如创造从一个简单的视觉回声到飞奔的动态效果。

图3-48

3.4.3 杂波与颗粒

图3-49所示为"杂波与颗粒"特效组中包含的6种视频特效。

本节将介绍"杂波与颗粒"特效组中使用较多的3种特效进行介绍。

➢ 中值：将图像中的像素都用它周围像素的RGB平均值来代替，减少图像中的杂色和噪点，效果如图3-50所示。

➢ 杂波：在画面中添加模拟噪点。

➢ 灰尘与划痕：在图像中生成类似灰尘的杂色和噪点效果。

图3-49   图3-50

3.4.4 模糊与锐化

图3-51所示为"模糊与锐化"特效组中包含的10种视频特效。

本节将选择"模糊与锐化"特效中使用较多的5种特效进行介绍。

➢ 快速模糊：以指定强度和模糊方向模糊图像，渲染速度非常快。

➢ 通道模糊：对素材图像的红、绿、蓝和Alpha通道分别进行模糊，该特效可以指定模糊的方向是水平、垂直的，还是双向的。用户使用这个特效可以创建辉光效果或控制一个图层的边缘附近变得不透明，效果如图3-52所示。

图3-51   图3-52

➢ 锐化：通过增强相邻像素间的对比使图像变得更加清晰。

➢ 非锐化遮罩：可以使图像中的颜色边缘差别更明显。

➢ 高斯模糊：使图像产生不同程度的虚化效果，能模糊和柔化图像并消除杂波。

3.4.5 色彩校正

图3-53所示为"色彩校正"特效组中包含的17种视频特效。

本节将选择"色彩校正"特效组中使用较多的5种特效进行介绍。

➢ RGB曲线：通过调整素材的红、绿、蓝通道和主通道的曲线来调节RGB色彩值。

➢ 亮度与对比度：调节图像的亮度和对比度，该特效同时调整所有像素的亮部区域、暗部区域和中间色区域，但不能对单一通道进行调节。

图 3-53

➢ **快速色彩校正**：通过调整图像的色相、饱和度来控制颜色，也可以调整图像的灰度，同时可用于简单的色彩校正预览。

➢ **色彩平衡（HLS）**：可以分别对不同颜色通道的色相、亮度、饱和度进行调整，从而使图像颜色达到平衡。

➢ **通道混合**：通过将图像不同颜色通道进行混合以达到调整颜色的目的。

3.4.6 过渡

本节将为读者介绍"过渡"特效组中包含的5种视频特效。

➢ **块溶解**：在图像中生成随机块，然后使素材消失在随机块中，效果如图3-54所示。

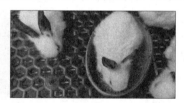

图 3-54

➢ **径向擦除**：以指定的一个点为中心，然后以顺时针或逆时针的方式逐渐旋转擦除图像。

➢ **渐变擦除**：基于亮度值将两个素材进行渐变切换。

➢ **百叶窗**：用类似百叶窗的条纹蒙版逐渐遮挡住原素材并显示出新素材。

➢ **线性擦除**：通过线条划动的方式来擦除原素材，同时显示出下方新素材。

3.4.7 透视

图3-55所示为"透视"特效组中包含的5种视频特效。

➢ **基本3D**：将素材放置在一个虚拟的三维空间中并给图像创建旋转和倾斜的效果，如图3-56所示。

➢ **径向阴影**：为素材创建阴影，并可以通过原素材的Alpha通道调整阴影的颜色。

➢ **投影**：为图像创建阴影。

➢ **斜角边**：在图像四周产生立体斜边。

➢ **斜面Alpha**：可以使图像的Alpha通道倾斜，使二维图像看起来具有三维的立体效果。

图 3-55　　　　　　　　　　　　　　　　　图 3-56

3.4.8　通道

图3-57所示为"通道"特效组中包含的7种视频特效。

本节将选择"通道"特效组中使用较多的5种特效进行介绍。

➤ 反转：将图像中的颜色反转成相应的互补色，效果如图3-58所示。

图 3-57　　　　　　　　　　　　　　　　　图 3-58

➤ 固态合成：调整原素材颜色与下方重叠素材的颜色混合。

➤ 复合算法：使用数学运算的方式创建图层的组合效果。

➤ 计算：通过混合指定的通道和各种混合模式的设置来调整图像颜色。

➤ 设置遮罩：用当前图层的Alpha通道取代指定图层的Alpha通道，从而创建移动蒙版。

3.4.9　风格化

图3-59所示为"风格化"特效组中包含的13种视频特效。

本节将选择"风格化"特效组中的5种使用较多的特效进行介绍。

➤ Alpha辉光：在图像的Alpha通道中生成向外发光的效果。

➤ 复制：将屏幕分成好几块，并在每一块中都显示整个素材图像，通过拖动滑块设置每行或每列的
分块数量，效果如图3-60所示。

图 3-59　　　　　　　　　　　　　　　　　图 3-60

- 色调分离：调节每个通道的色调级数量（或亮度值），将这些像素映射到最接近的匹配色调上，转换颜色色谱为有限数量的颜色色谱，并且拓展片段像素的颜色，使其匹配有限数量的颜色色谱。
- 闪光灯：在指定时间的帧画面中创建闪烁效果。
- 阈值：调整阈值以使图像变成黑白模式。

3.4.10 课堂案例——结合标记应用视频特效

在Premiere Pro CS6中，用户可以查看整个项目，并在指定区域设置标记，以便在这些区域的视频素材中添加视频特效。

（1）启动Premiere Pro CS6，按"Ctrl+O"组合键打开"结合标记应用视频特效.prproj"项目文件。

（2）将时间线移至00:00:04:08，单击"节目"面板中的"添加标记"按钮 或按"M"键，在该时间点添加一个标记，如图3-61所示。

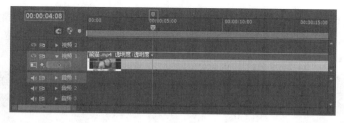

图3-61

（3）选择"熊猫.mp4"素材，展开"特效控制台"面板中的"时间轴"面板，然后将时间线移至00:00:09:11处，按"M"键添加标记，如图3-62所示。

（4）用同样的方法在00:00:15:12处添加一个标记，如图3-63所示。

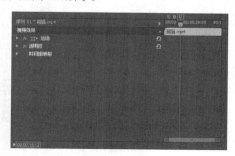

图3-62　　　　　　　　图3-63

（5）单击第一个标记，在"效果"面板搜索"查找边缘"特效，将其添加至"熊猫.mp4"素材上。该特效在"风格化"特效组中，如图3-64所示。

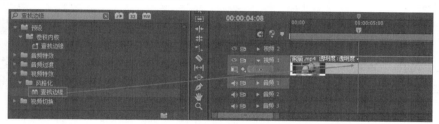

图3-64

（6）选择素材，在"特效控制台"面板中单击"与原始图像混合"参数前的"切换动画"按钮，添加一个关键帧，如图3-65所示。

图 3-65

（7）单击第二个标记，调整"与原始图像混合"参数为100%，在相应的位置将自动添加一个关键帧，如图3-66所示。然后单击第三个标记，调整"与原始图像混合"参数为0%，在相应的位置将自动添加一个关键帧，如图3-67所示。

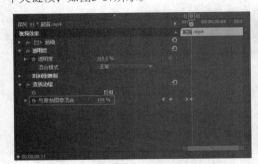
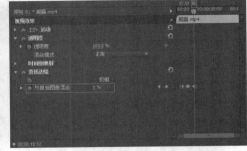

图 3-66   图 3-67

（8）完成所有操作后，在"节目"面板中预览视频，效果如图3-68所示。

图 3-68

> 🔔 **提示**
>
> 在编辑视频特效时，用户可以将特效从一个素材复制、粘贴到另一个素材。在"特效控制台"面板中，选择需要进行复制的特效（按住"Ctrl"键可以选择多个特效），然后选择"编辑"|"复制"命令，或按"Ctrl+C"组合键，此时可以复制所选特效。接着，在"时间轴"面板中选择想要应用这些特效的素材，选择"编辑""粘贴"命令，或按"Ctrl+V"组合键，即可完成特效的粘贴操作。

3.5

课后实训——制作宠物相册

与动物相处时，它们经常会有一些有趣的行为，我们可以将其记录下来。本实训将通过Premiere Pro CS6制作宠物相册，帮助读者了解添加视频切换效果与视频特殊效果的方法与技巧。

1. 新建项目、添加素材

下面新建项目序列，并导入准备好的宠物素材，为制作宠物相册做好充足的准备。

（1）启动Premiere Pro CS6，在欢迎对话框中单击"新建项目"按钮，如图3-69所示。

（2）弹出"新建项目"对话框，设置项目名称和项目存储位置，单击"确定"按钮，关闭对话框，如图3-70所示。

（3）在弹出的"新建序列"对话框中选择"设置"选项卡，设置参数如图3-71所示，单击"确定"按钮，关闭对话框。

扫码看微课

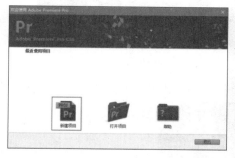

图3-69　　　　　　　　　图3-70　　　　　　　　　图3-71

（4）打开素材所在文件夹，选择要导入的图像素材与音频素材，将其拖动到"项目"面板，如图3-72所示。

（5）导入素材后，可以看到"项目"面板中每个图像素材的持续时间都是5s，如图3-73所示。

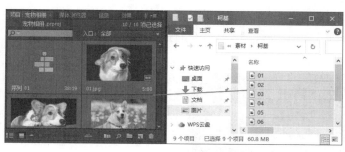

图3-72

图3-73

（6）将"项目"面板中的音频素材"宠物音乐.mp3"拖动到"时间轴"面板中的"音频1"轨道，再将8个图像素材按照名称顺序拖动到"视频1"轨道，如图3-74所示。

（7）选择"选择工具"，将鼠标指针移动到"08.jpg"素材的边缘，使其尾端对齐"宠物音乐.mp3"素材的尾端，如图3-75所示。

图 3-74　　　　　　　　　　　　　　　　　　图 3-75

（8）框选所有素材，右击素材片段，在弹出的快捷菜单中选择"缩放为当前画面大小"命令，如图3-76所示。

（9）在"节目"面板中双击素材，素材画面周围出现控制框，拖动控制框调整素材画面的尺寸，如图3-77所示。然后调整其他所有图像素材的画面尺寸。

图 3-76　　　　　　　　　　　　　　　　　　图 3-77

（10）框选"视频1"轨道的所有素材，复制到"视频2"轨道，如图3-78所示。

图 3-78

2．为"视频1"轨道添加视频效果

下面我们将为"视频1"轨道中的素材添加视频特效和切换效果，使视频的画面富于变化，更加生动多彩。

（1）单击"视频2"轨道中的"切换轨道输出"按钮 ⊙ ，此时"节目"面板只显示"视频1"轨道的素材画面，如图3-79所示。

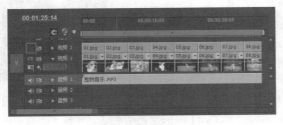

扫码看微课

图 3-79

（2）打开"效果"面板，展开"视频特效"卷展栏，将"模糊与锐化"卷展栏中的"高斯模糊"效果拖动到"视频1"轨道的"01.jpg"素材中，如图3-80所示。

（3）选择"视频1"轨道中的"01.jpg"素材，打开"特效控制台"面板，单击"模糊度"右侧的数值，输入"100"后按"Enter"键，然后勾选"重复边缘像素"复选框，如图3-81所示。

图3-80

图3-81

（4）选择"视频1"轨道中的"01.jpg"素材，按"Ctrl+C"组合键复制，然后选择"视频1"轨道中的其他所有素材，右击素材片段，在弹出的快捷菜单中选择"粘贴属性"命令，如图3-82所示。

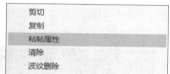

图3-82

（5）在"效果"面板的搜索框中输入"黑场过渡"，将搜索到的效果拖动到"视频1"轨道的"01.jpg"素材与"02.jpg"素材之间，如图3-83所示。

（6）单击"黑场过渡"切换特效，打开"特效控制台"面板，单击"持续时间"右侧的数值，输入"00:00:01:00"，将转场效果的"持续时间"调整为1s，如图3-84所示。

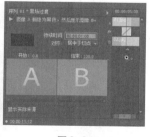

图3-83

图3-84

（7）参考以上步骤，在"视频1"轨道的每两段素材之间都添加"黑场过渡"转场效果，并将"持续时间"都调整为1s，如图3-85所示。

图3-85

3. 为"视频2"轨道添加视频效果

下面我们将为"视频2"轨道中的素材添加视频特效和切换效果，使视频的画面富于变化，更加生动多彩。

（1）单击"视频2"轨道中的"切换轨道输出"按钮 👁️ ，此时"节目"面板只显示"视频2"轨道的素材画面，如图3-86所示。

（2）选择"视频2"轨道中的"01.jpg"素材，打开"特效控制台"面板，展开"运动"效果，单击"缩放比例"右边的数值，输入"85"后按"Enter"键，将"缩放比例"调整为85%，如图3-87所示。

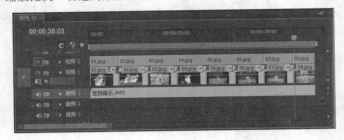 

图3-86　　　　　　　　　　　　　　　　图3-87

（3）打开"效果"面板，在搜索框中输入"边缘粗糙"，将搜索到的效果拖动到"视频2"轨道的"01.jpg"素材中，如图3-88所示。

扫码看微课

图3-88

（4）打开"特效控制台"面板，展开"边缘类型"右边的下拉列表，选择"颜色粗糙化"。然后单击"边缘颜色"右边的"吸管工具" 🖋️ ，将鼠标指针移动到"节目"面板的图像中，单击吸取黄色，如图3-89所示。

图3-89

（5）展开"边框"，将滑块拖动到最右边的位置，然后单击"不规则碎片影响"右边的数值，将其设为"0.00"，如图3-90所示。"节目"面板中的画面效果如图3-91所示。

（6）参考以上步骤，为"视频2"轨道中的"01.jpg"素材添加"基本3D"效果，打开"特效控制台"面板，将"旋转"参数设置为"5.0°"，将"倾斜"参数设置为"-5.0°"，勾选"显示镜面高光"复选框，如图3-92所示。"节目"面板中的画面效果如图3-93所示。

图3-90

图3-91

图3-92

图3-93

（7）选择"视频2"轨道中的"01.jpg"素材，按"Ctrl+C"组合键复制，然后选择"视频2"轨道中的其他所有素材，右击素材片段，在弹出的快捷菜单中选择"粘贴属性"命令，如图3-94所示。

图3-94

（8）打开"效果"面板，在搜索框中输入"胶片溶解"，将搜索到的效果拖动到"视频2"轨道的"01.jpg"素材与"02.jpg"素材之间，保持默认参数不变，如图3-95所示。

图3-95

（9）参考上述步骤，在"视频2"轨道中的"02.jpg"素材与"03.jpg"素材之间添加"页片剥落"切换效果、在"03.jpg"素材与"04.jpg"素材之间添加"星形划像"切换效果、在"04.jpg"素材与"05.jpg"素材之间添加"筋斗过渡"切换效果、在"05.jpg"素材与"06.jpg"素材之间添加"划像交叉"切换效果、在"06.jpg"素材与"07.jpg"素材之间添加"翻页"切换效果、在"07.jpg"素材与"08.jpg"素材之间添加"剥开背面"切换效果，如图3-96所示。

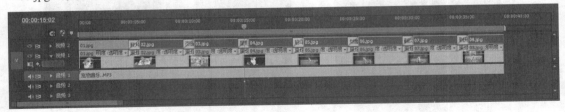

图3-96

（10）至此，宠物相册制作完成，效果如图3-97所示。

图3-97

素养课堂

20世纪90年代起，我国把体育作为提高全民素质的重要内容，并开始建立完整的体育制度，开展"全民健身运动"。2009年，国务院将每年的8月8日定为"全民健身日"。2009年10月1日起施行的《全民健身条例》第十二条规定，每年8月8日为全民健身日。县级以上人民政府及其有关部门应当在全民健身日加强全民健身宣传。国家机关、企业事业单位和其他组织应当在全民健身日结合自身条件组织本单位人员开展全民健身活动。县级以上人民政府体育主管部门应当在全民健身日组织开展免费健身指导服务。公共体育设施应当在全民健身日向公众免费开放；国家鼓励其他各类体育设施在全民健身日向公众免费开放。将全民健身日定为每年的8月8日，既是为了纪念北京成功举办奥运会，也是为了倡导人民群众更广泛地参加体育健身运动。

思考与练习

一、选择题

（1）在两个素材衔接处加入转场效果，两个素材应（　　　）。
    A. 分别放在上下相邻的两个视频轨道上　B. 可以放在任何音频轨道上
    C. 放在同一轨道上　　　　　　　　　　D. 可以放在任何视频轨道上

（2）在Premiere Pro CS6中，"随机反相"转场效果在（　　　）特效组中可以找到。
    A. 叠化　　　　　　B. 映射　　　　　　C. 擦除　　　　　　D. 伸展

（3）（　　　）特效可以在图像中生成类似灰尘的杂色和噪点效果。

  A. 中值   B. 灰尘与划痕 C. 杂波   D. 紊乱置换

二、填空题

（1）Premiere Pro CS6为用户提供的各类效果都可以在"＿＿＿＿"面板中找到。

（2）"＿＿＿＿"特效可以产生半透明图像，然后与原图像产生错位。

（3）素材B从画面的一侧滑入画面，从而覆盖住素材A，这种转场效果是＿＿＿＿。

三、判断题

（1）"滑动"特效组的切换特效就是模仿翻开书页，打开下一页的动作。（　　　　）

（2）"非锐化遮罩"可以使图像中的颜色边缘差别更明显。（　　　　）

（3）"特效控制台"面板菜单用于控制面板上的所有素材。（　　　　）

四、实操题

1. 课后练习

【练习知识要点】使用"导入"命令导入5个图像素材，使用"交叉叠化""抖动溶解""附加叠化""随机反相"效果制作视频之间的切换，并添加背景音乐，效果如图3-98所示。

图3-98

2. 课后习题

【习题知识要点】导入图像素材，添加"彩色浮雕"效果，打开"特效控制台"面板调整参数，"方向"参数设为"45.0°"、"凸显参数"设为"5.00"、"对比度"参数设为"100"、"与原始图像混合"参数设为"10%"，调整前、后的效果如图3-99所示。

图3-99

第 **4** 章

动画效果的创建

在Premiere Pro CS6中，用户为素材创建动画效果，除了可以使用内置的特殊效果之外，还可以通过为素材的运动参数添加关键帧来产生位移、缩放、旋转等动画效果。此外，用户通过为已经添加至素材的视频效果属性添加关键帧，可以营造丰富的视觉效果。

📖 课堂学习目标

➤ 掌握添加关键帧的操作方法。

➤ 掌握关键帧的移动、复制和删除操作。

➤ 掌握关键帧曲线的调整方法。

动画创建基础

Premiere Pro CS6在"时间轴"面板和"特效控制台"面板中提供了关键帧轨道，关键帧轨道可以使关键帧的创建、编辑等更为快速、更有条理且更精确。

4.1.1　关键帧

关键帧是指动画的关键时刻，任何动画要表现运动或变化，至少前后要给出两个不同状态的关键帧，而中间状态的变化和衔接，由计算机自动创建，称为过渡帧或中间帧。

要添加关键帧，用户可以在"特效控制台"面板中单击效果参数前的"切换动画"按钮，如图4-1所示；用户也可以在"时间轴"面板中单击"添加/移除关键帧"按钮来添加或移除关键帧，如图4-2所示。

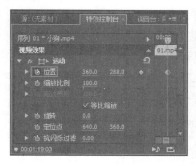

图4-1

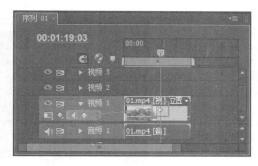

图4-2

4.1.2　课堂案例——在"时间轴"面板中添加关键帧

在"时间轴"面板中添加关键帧，便于用户直接分析和调整变换参数。

（1）启动Premiere Pro CS6，使用"Ctrl+O"组合键打开路径文件夹中的"添加关键帧.prproj"项目文件。

（2）在"时间轴"面板中，单击"视频2"轨道的"折叠-展开轨道"按钮，将素材展开，如图4-3所示。

（3）右击"视频2"轨道上的"蝴蝶.png"素材，在弹出的快捷菜单中选择"显示素材关键帧"|"透明度"|"透明度"命令，如图4-4所示。

（4）将时间线移至00:00:00:00处，单击"视频2"轨道的"添加/移除关键帧"按钮，为素材添加一个关键帧，如图4-5所示。

（5）将时间线移至00:01:30:00处，再次单击"视频2"轨道的"添加/移除关键帧"按钮，为素材添加第2个关键帧，如图4-6所示。

扫码看微课

图 4-3 　　　　　　　　　　　　　　　　　　　　图 4-4

图 4-5 　　　　　　　　　　　　　　　　　　　　图 4-6

（6）在"时间轴"面板中选择素材的第1个关键帧，将该关键帧向下拖动，直到数值变为0，如图4-7所示。

图 4-7

🔔 提示

在"时间轴"面板中，向下拖动关键帧为减小参数数值，向上拖动关键帧为增大参数数值。

（7）完成上述操作后，在"节目"面板中预览视频，效果如图4-8所示。

图 4-8

关键帧的基本操作

在添加关键帧后，用户可对关键帧进行移动、复制和删除操作，以根据需要不断完善动画效果，本节将讲解关键帧的一些基本操作。

4.2.1 移动关键帧

移动关键帧可以控制动画的节奏，两个关键帧的距离越远，最终动画所呈现的节奏就越慢；两个关键帧的距离越近，最终动画所呈现的节奏就越快。

1. 移动单个关键帧

在"特效控制台"面板中，展开已经制作完成的关键帧效果，在"工具"面板中选择"选择工具"，将鼠标指针放在需要移动的关键帧上，按住鼠标左键左右移动鼠标，当移动到合适的位置时，释放鼠标左键即可完成单个关键帧的移动操作，如图4-9所示。

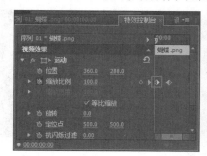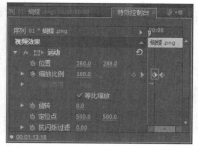

图 4-9

2. 移动多个关键帧

在"工具"面板中选择"选择工具"，框选需要移动的关键帧，接着将选中的关键帧向左或向右进行拖动，即可完成多个关键帧的移动操作，如图4-10所示。

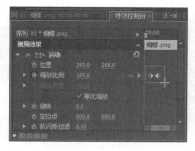

图 4-10

当想要同时移动的关键帧不相邻时，在"工具"面板中选择"选择工具"，按住"Ctrl"键或"Shift"键的同时，选择需要移动的关键帧进行拖动即可，如图4-11所示。

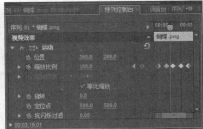

图 4-11

4.2.2 复制关键帧

在制作动画时，经常会遇到不同素材使用同一动画效果的情况，这就需要为它们设置相同的关键帧。在Premiere Pro CS6中，用户可以选择制作完成的关键帧动画，然后通过复制、粘贴的方式完成素材的动画制作。

1. 使用"Alt"键拖动复制

用户在"工具"面板中选择"选择工具" ，在"特效控制台"面板中选择需要复制的关键帧，然后按住"Alt"键的同时，将其向左或向右拖动进行复制，如图4-12所示。

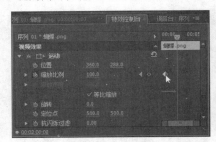

图 4-12

2. 通过快捷菜单复制

用户在"工具"面板中选择"选择工具" ，在"特效控制台"面板中右击需要复制的关键帧，此时会弹出一个快捷菜单，选择其中的"复制"命令，如图4-13所示。

用户将时间线移动到合适位置，右击鼠标，在弹出的快捷菜单中选择"粘贴"命令，此时复制的关键帧会出现在时间线所处位置，如图4-14所示。

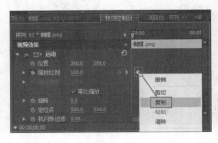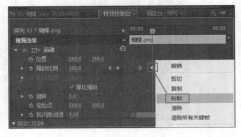

图 4-13   图 4-14

3. 使用快捷键复制

用户在"工具"面板中选择"选择工具" ，选择需要复制的关键帧，然后使用"Ctrl+C"组合键进行复制。接着，用户将时间线移动到合适位置，使用"Ctrl+V"组合键进行粘贴。该方法在制作动画时操作简单且节约时间，是比较常用的一种方法。

4.2.3 删除关键帧

在实际操作中，用户有时会在素材文件中添加多余的关键帧，这些关键帧既无实质性用途，又会使动画变得复杂，此时需要将多余的关键帧删除。

1. 使用"Delete"键删除

用户在"工具"面板中选择"选择工具" ，然后在"特效控制台"面板中选择需要删除的关键帧，按"Delete"键即可完成删除操作，如图4-15所示。

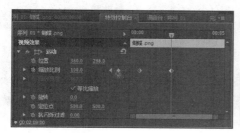

图4-15

2. 使用"添加/移除关键帧"按钮删除

在"特效控制台"面板中，用户将时间线移动到需要删除的关键帧相应的位置，此时单击"添加/移除关键帧"按钮 ，即可删除关键帧，如图4-16所示。

图4-16

3. 通过快捷菜单清除关键帧

在"工具"面板中选择"选择工具" ，右击需要删除的关键帧，在弹出的快捷菜单中选择"清除"命令，即可删除所选关键帧，如图4-17所示。

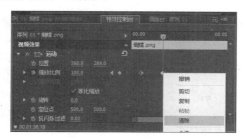

图4-17

71

4.2.4 课堂案例——删除所有关键帧

下面以案例的形式演示删除所有关键帧的具体操作。

（1）启动Premiere Pro CS6，按"Ctrl+O"组合键打开路径文件夹中的"删除关键帧.prproj"项目文件，进入工作界面后，可以看到"时间轴"面板上的素材已经添加了关键帧，如图4-18所示。

（2）选择"01.mp4"素材，打开"特效控制台"面板，展开"透明度"效果，如图4-19所示。

（3）在"工具"面板中选择"选择工具" ，右击"特效控制台"面板右侧的空白处，在弹出的快捷菜单中选择"清除所有关键帧"命令，即可删除所有关键帧，如图4-20所示。

扫码看微课

图4-18　　　　　　　　　图4-19　　　　　　　　　图4-20

4.3

关键帧插值

在Premiere Pro CS6中，用户运用关键帧插值可以控制关键帧的速度变化。关键帧插值主要分为"临时插值"和"空间插值"两种，本节将对关键帧插值进行详细讲解。

4.3.1 临时插值

临时插值是指控制关键帧在时间轴上的速度变化。临时插值快捷菜单如图4-21所示，下面对临时插值快捷菜单中的各个命令进行具体介绍。

1. 线性

"线性"插值可以创建关键帧之间的匀速变化。用户首先在"特效控制台"面板中针对某一属性添加两个或两个以上的关键帧，然后右击添加的关键帧，在弹出的快捷菜单中选择"临时插值"|"线性"命令，此时的动画效果匀速平缓，如图4-22所示。

图4-21

2. 曲线

"曲线"插值允许用户在关键帧的任意一侧手动调整图像的形状和变化速率。用户右击需要调整的关键帧，在弹出的快捷菜单中选择"临时插值"|"曲线"命令，该关键帧状态变为 ，并且可在"节目"面板中通过拖动曲线控制柄来调节曲线两侧比例，从而改变动画的速度。在调节过程中，用户单独调节其中一个控制柄，另一个控制柄不发生变化，如图4-23所示。

图 4-22

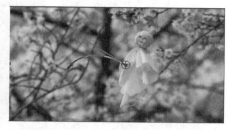

图 4-23

3．自动曲线

"自动曲线"插值可以调整关键帧的平滑变化速率。用户右击需要调整的关键帧，在弹出的快捷菜单中选择"临时插值"|"自动曲线"命令，该关键帧状态变为 。在曲线节点的两侧会出现两个没有控制柄的控制点，拖动控制点可将自动曲线转换为弯曲的曲线，如图4-24所示。

图 4-24

4．连续曲线

"连续曲线"插值可以创建通过关键帧的平滑变化速率。用户右击需要调整的关键帧，在弹出的快捷菜单中选择"临时插值"|"连续曲线"命令，该关键帧状态变为 。用户双击"节目"面板中的画面，此时会出现两个控制柄，通过拖动控制柄来改变两侧的曲线弯曲程度，从而改变动画效果，如图4-25所示。

图 4-25

5．保持

"保持"插值支持更改属性值且不产生渐变过渡。右击需要调整的关键帧，在弹出的快捷菜单中选择"临时插值"|"保持"命令，该关键帧状态变为 。两个速率曲线节点将根据节点的运动状态自动调节速率曲线的弯曲程度，当动画播放到该关键帧时，将出现保持前一关键帧画面的效果，如图4-26所示。

图 4-26

6. 缓入

"缓入"插值可以减慢进入关键帧的值变化。右击需要调整的关键帧，在弹出的快捷菜单中选择"临时插值"|"缓入"命令，该关键帧状态变为 Ⅹ。速率曲线节点前面将变成缓入的曲线效果。当拖动时间线播放动画时，动画在进入该关键帧时速度减缓，消除因速度波动大而产生的画面不稳定现象，如图4-27所示。

图 4-27

7. 缓出

"缓出"插值可以减慢离开关键帧的值变化。右击需要调整的关键帧，在弹出的快捷菜单中选择"临时插值"|"缓出"命令，该关键帧状态变为 Ⅹ。速率曲线节点后面将变成缓出的曲线效果。当播放动画时，用户可以使动画在离开该关键帧时速度减缓，同样可消除因速度波动大而产生的画面不稳定现象，与缓入是相同的道理，如图4-28所示。

图 4-28

4.3.2　空间插值

空间插值可以设置关键帧的转场效果，如转折强烈的线性方式、过渡柔和的曲线方式等。用户先选择素材，打开"特效控制台"面板，展开"运动"效果，针对"位置"添加关键帧，然后右击添加的关键帧，在弹出的快捷菜单中选择"空间插值"命令，空间插值快捷菜单如图4-29所示，下面对空间插值快捷菜单中的各个命令进行具体介绍。

1．线性

用户在选择"空间插值"｜"线性"命令时，控制点两侧为直线段，角度转折较明显，如图4-30所示。播放动画时会产生位置突变的效果。

2．曲线

用户在选择"空间插值"｜"曲线"命令时，可在"节目"面板中手动调节控制点两侧的控制柄，通过控制柄来调节曲线形状和画面的动画效果，如图4-31所示。

图4-29　　　　　　　图4-30　　　　　　　　　图4-31

3．自动曲线

选择"空间插值"｜"自动曲线"命令，更改关键帧数值时，控制点两侧的控制柄会自动更改，以保持关键帧之间的平滑速率，如图4-32所示。用户如果手动调整自动曲线的控制柄，则可以将其转换为连续曲线。

4．连续曲线

用户可以选择"空间插值"｜"连续曲线"命令，也可以手动设置控制点两侧的控制柄来调整曲线方向，与自动曲线的操作方法相同，如图4-33所示。

图4-32　　　　　　　　　　图4-33

4.3.3 速率图表

使用Premiere Pro CS6中的速率图表，用户可以有效调整关键帧前后运动的变化速率。用户通过速率图表可以模拟真实运动，如更改剪辑的运动、使相邻关键帧变速等，为参数创建关键帧后，进入"特效控制台"面板，单击参数前的■按钮，可以展开其速率图表，如图4-34所示，添加的关键帧对应速率图表中的控制点。

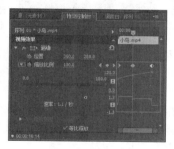

图4-34

4.3.4 课堂案例——调整素材运动速率

本案例将讲解使用速率图表来调整素材运动速率的方法。

（1）启动Premiere Pro CS6，使用"Ctrl+O"组合键打开路径文件夹中的"调整运动速率.prproj"项目文件。

（2）在"时间轴"面板中选择"花瓣.png"素材，进入"特效控制台"面板，将时间线移至00:00:00:00处，单击"位置"参数前的"切换动画"按钮，创建关键帧，如图4-35所示，此时对应的画面效果如图4-36所示。

图 4-35

图 4-36

扫码看微课

（3）在"节目"面板中双击"花瓣.png"素材对象，激活其控制框，如图4-37所示。

（4）将时间线移至00:00:02:00处，然后在"节目"面板中调整对象所处位置，如图4-38所示。

图 4-37

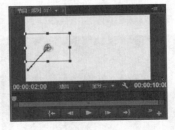

图 4-38

（5）用同样的方法，将时间线移至00:00:04:00处，在"节目"面板中调整对象所处位置，如图4-39所示；将时间线移至00:00:06:00处，在"节目"面板中调整对象所处位置，如图4-40所示；将时间线移至00:00:09:00处，在"节目"面板中调整对象所处位置，如图4-41所示。

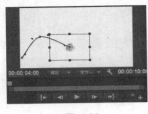

图 4-39

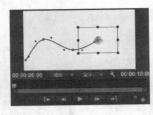

图 4-40

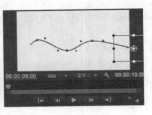

图 4-41

（6）完成上述操作后，单击"位置"参数前的▼按钮，展开其速率图表，如图4-42所示。

（7）在"特效控制台"面板中同时选择5个关键帧，右击关键帧，在弹出的快捷菜单中选择"临时插值"|"缓入"命令，如图4-43所示。

（8）再次右击关键帧，在弹出的快捷菜单中选择"临时插值"|"缓出"命令，如图4-44所示。

（9）完成上述操作后，速率图表将发生变化，如图4-45所示。

（10）通过控制柄微调曲线，效果如图4-46所示。

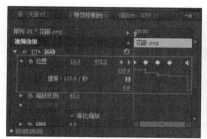
图 4-42

图 4-43

图 4-44

图 4-45

图 4-46

（11）完成上述操作后，可在"节目"面板中预览调整后的效果。

4.4

课后实训——制作MG动画

　　MG（Motion Graphic）动画是指动态图形或者图形动画，它的表现形式丰富多样，具有很强的视觉吸引力和传播力，被广泛运用于UI、网页、广告、影视等领域。本实训将通过Premiere Pro CS6制作一段MG动画，帮助读者掌握添加关键帧以及设置其参数的操作方法。

1. 打开项目文件

　　在制作MG动画之前，用户需要打开相应的项目文件，并导入需要使用的音频素材。

　　（1）启动Premiere Pro CS6，按"Ctrl+O"组合键打开"MG动画.prproj"项目文件。

　　（2）打开项目文件后，"项目"面板中的素材如图4-47所示，其中包括3个"彩色蒙版"素材。

　　（3）将"海浪声.mp3"音频素材拖动到"时间轴"面板中的"音频1"轨道，如图4-48所示。

扫码看微课

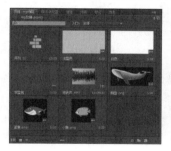
图 4-47

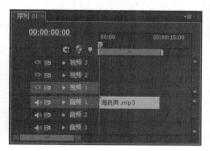
图 4-48

2. 设置彩色蒙版

下面为"彩色蒙版"素材添加视频特效来制作一个"海浪"的动画效果。

（1）将"浅蓝色"素材拖动到"时间轴"面板，将鼠标指针移动到素材边缘，使其尾端对齐"海浪声.mp3"素材的尾端，如图4-49所示。

（2）打开"效果"面板，在搜索框中输入"渐变"，将搜索到的效果拖动到"浅蓝色"素材上，如图4-50所示。

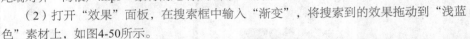

扫码看微课

图4-49　　　　　　　　　　　　图4-50

（3）单击"浅蓝色"素材，打开"特效控制台"面板，单击"起始颜色"右边的"吸管工具"，如图4-51所示。将鼠标指针移动到"节目"面板，单击吸色，如图4-52所示。

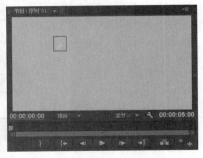

图4-51　　　　　　　　　　　　图4-52

（4）完成上述操作后，起始颜色被设置为浅蓝色，如图4-53所示。"节目"面板中的画面呈现出"天空"的效果，如图4-54所示。

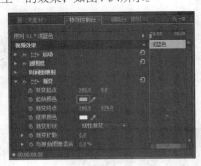

图4-53　　　　　　　　　　　　图4-54

（5）将"白色"素材拖动到"时间轴"面板的"视频2"轨道，使其两端对齐"海浪声.mp3"素材，如图4-55所示。

（6）为"白色"素材添加"裁剪"效果，打开"特效控制台"面板，单击"顶部"右边的数值，输入"50"，按"Enter"键，如图4-56所示。"节目"面板中"白色"素材画面只保留底部50%，如图4-57所示。

图 4-55

图 4-56

图 4-57

（7）为"白色"素材添加"波形弯曲"效果，打开"特效控制台"面板，将"波形高度"设为"80"，"波形宽度"设为"400"，"波形速度"设为"0.3"；然后展开"固定"下拉列表，选择"全部边缘"选项；最后展开"消除锯齿（最高品质）"下拉列表，选择"高"选项，如图4-58所示。此时，"节目"面板中的画面如图4-59所示。

图 4-58

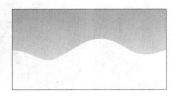
图 4-59

（8）按住"Ctrl"键，选择"特效控制台"面板中的"裁剪"效果和"波形弯曲"效果，按"Ctrl+C"组合键复制，如图4-60所示。然后将"项目"面板中的"深蓝色"素材拖动到"时间轴"面板的"视频3"轨道，使其两端与"海浪声.mp3"素材对齐，按"Ctrl+V"组合键粘贴，如图4-61所示。

图 4-60

图 4-61

（9）选择"深蓝色"素材，打开"特效控制台"面板，展开"透明度"效果，将"透明度"设置为"80.0%"；然后展开"裁剪"效果，将"顶部"设为"55.0%"，如图4-62所示。

（10）展开"波形弯曲"效果，将"波形速度"设为"0.5"；单击"波形宽度"与"波形高度"左边的"切换动画"按钮 添加关键帧，将"波形高度"设为"90"，"波形宽度"设为"250"，如图4-63所示。

（11）将时间线移动到00:00:06:00处，将"波形高度"设为"80"，"波形宽度"设为"300"，如图4-64所示。再将时间线移动到00:00:12:00处，将"波形高度"设为"75"，"波形宽度"设为"350"，如图4-65所示。

（12）完成上述操作后，"节目"面板中的预览效果如图4-66所示。

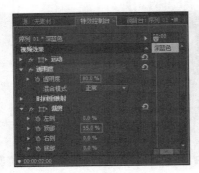

图4-62

图4-63

图4-64

图4-65

图4-66

3．设置动画素材

下面介绍通过添加关键帧的方式使动画效果更加生动。

（1）将"项目"面板中的"小鱼.png"素材拖动到"时间轴"面板的"视频3"轨道的上方，"时间轴"面板将自动新增"视频4"轨道；再将"鲨鱼.png"素材拖动到"小鱼.png"素材的右上方，覆盖住1s；最后将"鲸鱼.png"素材拖动到"鲨鱼.png"素材的右上方，覆盖住1s，使其尾端与"海浪声.mp3"素材的尾端对齐，如图4-67所示。

（2）选择"鲸鱼.png"素材，打开"特效控制台"面板，展开"运动"效果，将"缩放比例"设为"10.0"，如图4-68所示。然后将该效果复制到"小鱼.png"素材与"鲨鱼.png"素材。

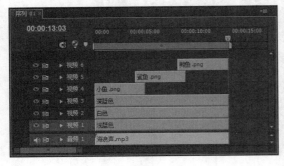

图4-67

图4-68

扫码看微课

（3）选择"小鱼.png"素材，打开"特效控制台"面板，单击"位置"左边的"切换动画"按钮 ，添加关键帧，如图4-69所示。在"节目"面板中双击"小鱼.png"素材对象，激活其控制框，将其移动到图4-70所示的位置。

图 4-69

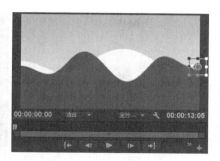

图 4-70

（4）将时间线移动到00:00:02:00处，然后在"节目"面板中调整对象所处位置，如图4-71所示。

（5）用同样的方法，将时间线移至00:00:04:00处，在"节目"面板中调整对象所处位置，如图4-72所示；将时间线移至00:00:04:20处，在"节目"面板中调整对象所处位置，如图4-73所示。

图 4-71

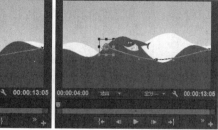

图 4-72

图 4-73

（6）参考以上步骤设置"鲨鱼.png"素材与"鲸鱼.png"素材的效果。图4-74所示为"鲨鱼.png"素材对象分别在00:00:04:00、00:00:04:10、00:00:04:20、00:00:08:23时所处位置。

（7）图4-75所示为"鲸鱼.png"素材对象分别在00:00:08:00、00:00:08:10、00:00:08:20、00:00:13:00时所处位置。

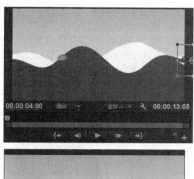

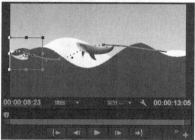

图 4-74

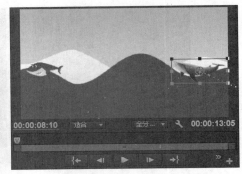

图 4-75

（8）选择"鲸鱼.png"素材，在"特效控制台"面板中同时选择4个关键帧，右击关键帧，在弹出的快捷菜单中选择"临时插值"|"缓入"命令，如图4-76所示。

（9）再次右击关键帧，在弹出的快捷菜单中选择"临时插值"|"缓出"命令，如图4-77所示。

（10）参考以上步骤，对"小鱼.png"素材与"鲨鱼.png"素材添加的所有关键帧执行"缓入"和"缓出"命令。

（11）将"视频3"轨道中的"深蓝色"素材拖动到"时间轴"面板中"视频6"轨道的上方，效果如图4-78所示。

（12）可在"节目"面板预览最终效果，如图4-79所示，确定不需要调整后输出视频。

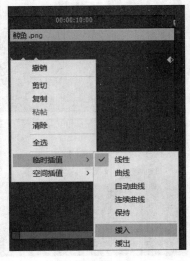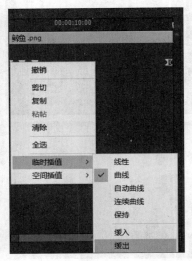

图 4-76   图 4-77

图 4-78

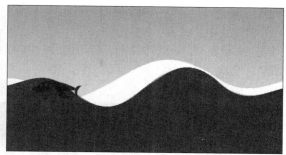

图 4-79

素养课堂

Premiere Pro CS6 功能强大，用户利用其可以制作出很多精彩纷呈的视频效果，但在制作和发布视频时，创作者一定要坚持正确的内容导向，传播正确的价值观，认真宣传党的各项方针、政策，积极推进物质文明、精神文明和政治文明建设。内容创作者要不断增强政治敏锐性和政治鉴别力，在事关政治方向、政治原则的问题上时刻保持清醒头脑，做到旗帜鲜明，立场坚定，大事面前不糊涂，关键时刻不动摇。

思考与练习

一、选择题

（1）使用（　　）键可以删除关键帧。

  A．Shift   B．Shift+D   C．Ctrlt+D   D．Delete

（2）（　　）插值可以更改属性值且不产生渐变过渡。

  A．保持   B．线性   C．曲线   D．自动曲线

（3）下列方法中不可以复制关键帧的是（　　）。

  A．使用"Ctrl+C"组合键复制   B．在快捷菜单中选择"复制"命令

  C．按住"Ctrl"键拖动复制   D．按住"Alt"键拖动复制

二、填空题

（1）如果想要删除某个关键帧，只需右击该关键帧，在弹出的快捷菜单中按"＿＿"键即可完成删除操作。

（2）"＿＿"插值可以减慢进入关键帧的值变化。

（3）单击效果参数前的"＿＿＿＿"按钮 可以添加关键帧。

三、判断题

（1）临时插值可以设置关键帧的转场效果，如转折强烈的线性方式、过渡柔和的曲线方式等。（　　）

（2）只能在"时间轴"面板与"特效控制台"面板中添加关键帧。（　　）

（3）在Premiere Pro CS6中，只能根据素材的"透明度"属性添加关键帧。（　　）

四、实操题

1．课堂练习

【练习知识要点】导入视频素材，将其拖动到"时间轴"面板中，右击视频素材片段，选择"显示素材关键帧"|"运动"|"缩放比例"命令，通过"钢笔工具" 📝 添加关键帧，制作拉镜头效果，效果如图4-80所示。

图 4-80

2．课后习题

【习题知识要点】对新素材应用某一素材已有的关键帧动画效果。选择某一素材的关键帧进行复制，然后选择新素材，将关键帧粘贴到其中。

第 **5** 章 叠加与抠像技术

叠加技术可以将多个不同的素材混合在一起，从而产生各种特别的效果。抠像技术在影视后期处理中应用广泛，该项技术可以使不同的视频素材产生完美的画面合成效果。用户在剪辑时熟练运用这两项技术，可以使作品在特定的范围内传递出更多的信息。

📖 **课堂学习目标**

➤ 了解叠加技术。
➤ 了解抠像技术。
➤ 了解键控效果。
➤ 应用键控抠像。

5.1
叠加与抠像概述

在Premiere Pro CS6中，叠加主要用于处理抠像效果、对素材进行动态跟踪和叠加各种不同的素材；抠像则通过对指定区域的颜色进行去除，使其透明来完成和其他素材的合成效果。两者之间存在必然的联系。

5.1.1 什么是叠加

叠加是指后期进行视频编辑时，若需要两个（或多个）画面融为一体同时出现，则把上层视频轨的素材处理成淡入淡出的效果，从而使它在下层视频轨的素材画面中产生忽隐忽现的效果，如图5-1所示。

在Premiere Pro CS6中，"视频特效"的"键控"特效组提供了多种特效，可以轻松实现素材叠加的效果。

叠加类特效是影视编辑与制作中常用的视频特效。

图5-1

5.1.2 什么是抠像

抠像是通过运用虚拟的方式，将背景进行特殊透明叠加的一种技术，其最终目的是将人物（或其他主体物）与背景进行融合。抠像使用其他背景素材替换原来的纯色背景，并适当添加一些前景元素，使其与原始图像相互融合，形成二层或多层画面的叠加合成，实现丰富的层次感和神奇的合成视觉艺术效果。

在使用Premiere Pro CS6进行抠像操作之前，用户要了解拍摄抠像素材时的注意事项，这样会给后期工作节省很多时间，也会得到更好的画面质量。在拍摄抠像素材时，用户应当注意以下几点。

➢ 尽量选择颜色均匀且平整的绿色或蓝色背景进行拍摄。

➢ 注意拍摄时的灯光照射方向应与最终合成背景的光线一致，这样有助于呈现更加真实的合成效果。

➢ 尽量避免主体对象的颜色与背景颜色相同，以免这些颜色在后期抠像时被一并去除。

5.1.3 课堂案例——使用混合叠加制作氛围光晕

在Premiere Pro CS6中，用户可以通过调整素材的透明度进行叠加操作。

（1）启动Premiere Pro CS6，按"Ctrl+O"组合键打开"混合叠加.prproj"项目文件。

（2）单击"视频1"轨道中的"蝴蝶.mp4"素材，按住"Alt"键，将其复制到"视频2"轨道，如图5-2所示。

（3）单击"视频2"轨道的"切换轨道输出"按钮 👁，如图5-3所示，此时"节目"面板中只显示"视频1"轨道的素材画面。

图 5-2　　　　　　　　　　　　　　　　　图 5-3

（4）打开"效果"面板，在搜索框中输入"高斯模糊"，将搜索到的效果拖动到"视频1"轨道中的"蝴蝶.mp4"素材上，如图5-4所示。

（5）打开"特效控制台"面板，将"模糊度"设为"45.0"，然后勾选"重复边缘像素"复选框，如图5-5所示。

图 5-4　　　　　　　　　　　　　　　　　图 5-5

（6）单击"视频2"轨道的"切换轨道输出"按钮，然后单击"视频2"轨道中的"蝴蝶.mp4"素材，如图5-6所示。

（7）打开"特效控制台"面板，展开"透明度"效果，如图5-7所示。

图 5-6　　　　　　　　　　　　　　　　　图 5-7

（8）展开"混合模式"下拉列表，选择"滤色"选项，如图5-8所示。

图 5-8

扫码看微课

87

（9）完成上述操作后，"节目"面板中的画面效果如图5-9所示。

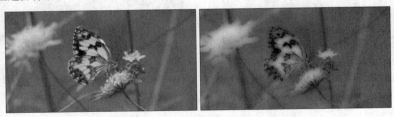

图 5-9

5.2
键控效果的应用

在Premiere Pro CS6中，"视频特效"的"键控"卷展栏里提供了多种特效，应用这些特效可以轻松实现素材叠加的效果，本节将对相关内容进行详细讲解。

5.2.1 显示键控效果

打开Premiere Pro CS6，选择"窗口"|"效果"命令，确保其中的"效果"选项被勾选，操作完成后将跳转至"效果"面板。在"效果"面板中单击"视频特效"卷展栏的▶按钮，接着展开"键控"卷展栏即可显示其中的键控效果，如图5-10所示。

图 5-10

5.2.2 应用键控效果

为素材应用键控效果的操作方法比较简单，在"键控"卷展栏中选择所需效果，将其拖动至素材上方，并在"特效控制台"面板中调整相关参数，即可完成最终效果的制作。

> 🔔 **提示**
>
> 在Premiere Pro CS6中，用户不仅可以将键控效果添加到素材上，还可以在"时间轴"面板
> 或者"特效控制台"面板中为键控效果添加关键帧，以完成复杂效果的制作。

5.2.3 课堂案例——为素材应用键控效果

本案例将介绍如何为素材应用"键控"卷展栏中的"轨道遮罩键"效果。

（1）启动Premiere Pro CS6，按"Ctrl+O"组合键打开"应用键控效果.prproj"项目
文件。

（2）在"效果"面板中，展开"视频特效"卷展栏，选择"键控"卷展栏中的"轨
道遮罩键"效果，将其拖动到"时间轴"面板中的"树林.mp4"素材上，如图5-11所示。

（3）打开"特效控制台"面板，展开"遮罩"下拉列表，选择"视频2"选项，如图5-12所示。

扫码看微课

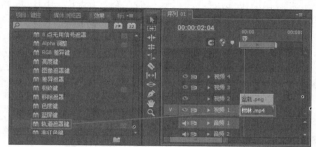

图 5-11

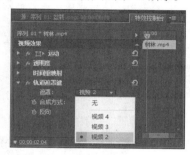

图 5-12

（4）完成上述操作后，"节目"面板中的画面效果如图5-13所示。

图 5-13

5.3
键控效果介绍

Premiere Pro CS6为用户提供了13种实用的键控效果，利用这些键控效果可以轻松去除视频中的背
景。下面将为读者详细介绍这13种键控效果。

5.3.1 16点无用信号遮罩

"16点无用信号遮罩"特效在对象四周添加16个控制点，通过任意调整控制点的位置来抠像，应用前、后的效果如图5-14所示。

图5-14

> 🔔 提示
>
> "4点无用信号遮罩"特效在对象四周添加4个控制点，通过任意调整这4个控制点的位置来抠像。"8点无用信号遮罩"特效在对象四周添加8个控制点，通过任意调整这8个控制点的位置来抠像。

5.3.2 RGB 差异键

"RGB差值键"特效可以将素材中指定的某种颜色去除，应用前、后的效果如图5-15所示。

图5-15

添加"RGB差异键"特效，打开"特效控制台"面板，如图5-16所示。

参数说明如下。

➢ 颜色：用于吸取素材画面中需要去除的颜色。

➢ 相似性：单击数值并左右拖动鼠标可以增加或减少将变成透明的颜色范围。

➢ 平滑：用于设置图像的平滑度，从右侧的下拉列表中可以选择无、低、高3种程度。

➢ 仅蒙版：设置是否显示素材的Alpha通道。

➢ 投影：勾选该复选框可以为图像添加投影。

图5-16

5.3.3　Alpha 调整

"Alpha调整"特效可以对包含Alpha通道的导入图像创建透明效果，应用前、后的效果如图5-17所示。

图5-17

🔔 **提示**

Alpha通道是指一张图片的透明和半透明度。Premiere Pro CS6能够读取来自Photoshop和三维图形软件等程序中的Alpha通道，还能够将Illustrator文件中的不透明区域转换成Alpha通道。

添加"Alpha调整"特效，打开"特效控制台"面板，如图5-18所示。

参数说明如下。

➢ **透明度**：数值越小，图像越透明。

➢ **忽略Alpha**：勾选该复选框，Premiere Pro CS6会忽略Alpha通道。

➢ **反相Alpha**：勾选该复选框会将Alpha通道进行反转。

➢ **仅蒙版**：勾选该复选框，将只显示Alpha通道的蒙版，而不显示其中的图像。

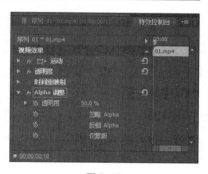

图5-18

5.3.4　亮度键

"亮度键"特效可以去除素材中较暗的图像区域，在移除图像灰度值的同时保持该图像的色彩值，设置"阈值"和"屏蔽度"可以微调效果。应用效果如图5-19所示。

图5-19

添加"亮度键"特效，打开"特效控制台"面板，如图5-20所示。

图 5-20

参数说明如下。

➢ 阈值：单击数值并向右拖动鼠标，将增加被去除的范围。

➢ 屏蔽度：用于设置素材的屏蔽程度，数值越大，图像越透明。

5.3.5 图像遮罩键

"图像遮罩键"特效用于静态图像中，尤其是图形中，以创建透明效果。与遮罩黑色部分对应的图像区域是透明的，与遮罩白色部分对应的图像区域是不透明的，与遮罩灰色部分对应的图像区域具有混合效果。

> **提示**
>
> 在使用"图像遮罩键"特效时，需要在"特效控制台"面板中单击"设置"按钮，为其指定一张遮罩图像，这张图像将决定最终显示效果。用户还可以使用素材的Alpha通道或亮度来创建复合效果。

添加"图像遮罩键"特效，打开"特效控制台"面板，如图5-21所示。

参数说明如下。

➢ 合成使用：指定创建复合效果的遮罩方式，从右侧的下拉列表中可以选择遮罩Alpha或遮罩Luma。

➢ 反向：勾选该复选框可以使遮罩反向。

图 5-21

5.3.6 差异遮罩

"差异遮罩"特效可以去除两个素材中相匹配的图像区域。用户是否使用"差异遮罩"特效取决于项目使用的素材，如果项目中的背景是静态的，且位于运动素材之上，就需要使用"差异遮罩"特效将图像区域从静态素材中去掉。应用效果如图5-22所示。

图 5-22

添加"差异遮罩"特效，打开"特效控制台"面板，如图5-23所示。

参数说明如下。

- ➤ 视图：用于设置显示视图的模式，从右侧下拉列表中可以选择最终输出、仅限源和仅限遮罩3种模式之一。
- ➤ 差异图层：用于指定将哪个视频轨道中的素材作为差异图层。
- ➤ 如果图层大小不同：用于设置图层是否居中或者伸缩以相互匹配。
- ➤ 匹配宽容度：设置素材图层的容差值使之与另一素材相匹配。
- ➤ 匹配柔和度：用于设置素材的柔和程度。
- ➤ 差异前模糊：用于设置素材的模糊程度，值越大，素材越模糊。

图5-23

5.3.7　极致键

"极致键"特效可以使用指定颜色或相似颜色调整图像的容差值来显示图像透明度，也可以使用它来修改图像的色彩。应用效果如图5-24所示。

图5-24

添加"极致键"特效，打开"特效控制台"面板，如图5-25所示。

图5-25

5.3.8　移除遮罩

"移除遮罩"特效可以根据Alpha通道创建透明区域，而这种Alpha通道是在红色、绿色、蓝色和

Alpha共同作用下产生的。通常，"移除遮罩"特效用于去除黑色或者白色背景，对处理纯白或者纯黑背景的图像非常有用。

添加"移除遮罩"特效，打开"特效控制台"面板，如图5-26所示。

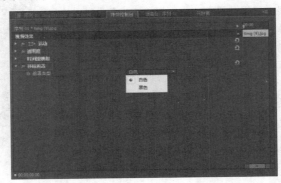

图5-26

参数说明如下。

➤ **遮罩类型**：用于指定遮罩的类型，从右侧下拉列表中可以选择白色或黑色类型。

5.3.9 色度键

"色度键"特效能够去除特定颜色或某一个范围内的颜色。该特效通常在制作作品前使用，这样可以在一个彩色背景上制作视频作品，可以使用"吸管工具"单击图像的背景区域来选择想要去除的颜色。应用效果如图5-27所示。

图5-27

添加"色度键"特效，打开"特效控制台"面板，如图5-28所示。
参数说明如下。

➤ **颜色**：用于吸取需要去除的颜色。

➤ **相似性**：单击数值并拖动鼠标可以增大或减小将变成透明的颜色的范围。

➤ **混合**：用于调节两个素材之间的混合程度。

➤ **阈值**：单击数值并向右拖动鼠标可以使素材保留更多的阴影区域，向左拖动鼠标可以使阴影区域减小。

➤ **屏蔽度**：单击数值并向右拖动鼠标可以使素材中的阴影区域变暗，向左拖动鼠标则可以使素材中的阴影区域变亮。

图5-28

➤ **平滑**：用于设置消除锯齿的程度，通过混合像素颜色来平滑边缘，右侧的下拉列表中有无、低和高3种消除锯齿的程度供选择。

> ➤ **仅遮罩**：勾选该复选框可以显示素材的Alpha通道。

5.3.10　蓝屏键

"蓝屏键"特效是广播电视中经常会用到的抠像方式，该特效可以去除蓝色背景。应用前、后的效果如图5-29所示。

图5-29

添加"蓝屏键"特效，打开"特效控制台"面板，如图5-30所示。

参数说明如下。

> ➤ **阈值**：单击数值并向左拖动鼠标会去除更多的绿色和蓝色区域。
> ➤ **屏蔽度**：用于微调键控效果，数值越大，图像越不透明。
> ➤ **平滑**：用于设置消除锯齿的程度，通过混合像素颜色来平滑边缘，右侧的下拉列表中有无、低和高3种消除锯齿的程度供选择。
> ➤ **仅蒙版**：勾选该复选框可以显示素材的Alpha通道。

图5-30

5.3.11　轨道遮罩键

"轨道遮罩键"特效可以创建移动或滑动蒙版效果。通常，蒙版设置在运动素材的黑白图像上，与蒙版上黑色相对应的图像区域为透明区域，与蒙版上白色相对应的图像区域为不透明区域，与蒙版上灰色相对应的图像区域呈半透明。

添加"轨道遮罩键"特效，打开"特效控制台"面板，如图5-31所示。

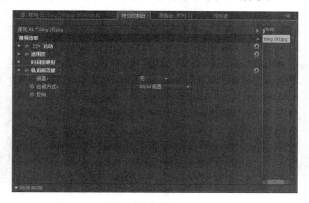

图5-31

参数说明如下。

> 遮罩：从右侧的下拉列表中可以为素材指定一个遮罩。
> 合成方式：指定应用遮罩的方式，从右侧的下拉列表中可以选择Alpha遮罩或Luma遮罩。
> 反向：勾选该复选框可以使遮罩反向。

5.3.12 非红色键

"非红色键"特效和"蓝屏键"特效一样，可以去除蓝色和绿色背景，不过是同时去除。它包括两个混合滑块，可以混合两个素材。应用效果如图5-32所示。

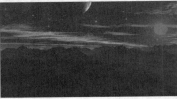

图5-32

添加"非红色键"特效，打开"特效控制台"面板，如图5-33所示。

参数说明如下。

> 阈值：单击数值并向左拖动鼠标会去除更多的绿色和蓝色区域。
> 屏蔽度：用于微调键控效果的屏蔽程度。
> 去边：可以从右侧下拉列表中选择无、绿色和蓝色3种去边效果之一。
> 平滑：用于设置消除锯齿的程度，通过混合像素颜色来平滑边缘，右侧的下拉列表中有无、低和高3种消除锯齿的程度供选择。
> 仅蒙版：勾选该复选框可以显示素材的Alpha通道。

图5-33

5.3.13 颜色键

"颜色键"特效可以去除素材图像中所指定颜色的像素，这种特效只会影响素材的Alpha通道。应用效果如图5-34所示。

图5-34

添加"颜色键"特效，打开"特效控制台"面板，如图5-35
所示。

参数说明如下。

➢ **主要颜色**：用于吸取需要去除的颜色。

➢ **颜色宽容度**：用于设置素材的容差，数值越大，被去除的
颜色区域越透明。

➢ **薄化边缘**：用于设置被去除的颜色区域边缘的细化程度，
数值越小，边缘越粗糙。

➢ **羽化边缘**：用于设置被去除的颜色区域边缘的柔化程度，
数值越大，边缘越柔和。

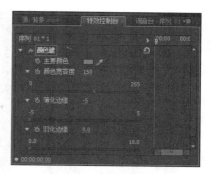

图5-35

5.3.14 课堂案例——太空漫游合成

下面将展示如何运用"键控"效果组中的"色度键"特效快速抠出画面中的宇航员并置换太空背景。

（1）启动Premiere Pro CS6，按"Ctrl+O"组合键打开"太空漫游.prproj"项目文件。

（2）打开"效果"面板，展开"视频特效"卷展栏，选择"键控"卷展栏中的"色度键"效果，将
其拖动到"时间轴"面板中的"宇航员.mp4"素材上，如图5-36所示。

扫码看微课

图5-36

（3）打开"特效控制台"面板，单击"颜色"右边的"吸管工具" ，将鼠标指针移动到"节目"
面板中"宇航员.mp4"素材画面的绿色背景上，单击吸色，如图5-37所示。

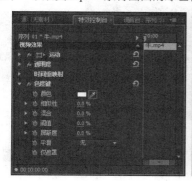

图5-37

（4）将"相似性"设为"100.0%"，然后展开"平滑"下拉列表，选择"高"选项，如图5-38
所示。

（5）完成上述操作后，"节目"面板中的画面效果如图5-39所示。

图 5-38

图 5-39

5.4

课后实训——制作怀旧老电影

老电影一般使用胶片拍摄，通常画面上会有波纹与噪点，饱和度低。本实训将应用键控效果制作一段怀旧老电影风格的短片。

（1）启动Premiere Pro CS6，按"Ctrl+O"组合键打开"怀旧老电影.prproj"项目文件。

（2）打开项目文件后，"项目"面板中的素材如图5-40所示。

（3）将"视频.mp4"素材拖动到"时间轴"面板中的"视频1"轨道，"音频.mp3"素材拖动到"音频3"轨道，如图5-41所示。

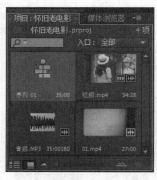

图 5-40

图 5-41

扫码看微课

（4）将"01.mp4"素材拖动到"时间轴"面板中的"视频2"轨道。选择"速率伸缩工具" ，将鼠标指针移动到"01.mp4"素材的尾端，将其拖动至与"视频.mp4"素材对齐，如图5-42所示。

（5）选择"选择工具" ，右击"01.mp4"素材，在弹出的快捷菜单中选择"解除视音频链接"命令，如图5-43所示。

（6）单击"音频2"轨道中的"01.mp4"素材，按"Delete"键删除，效果如图5-44所示。

（7）打开"效果"面板，展开"视频特效"卷展栏，选择"键控"卷展栏中的"Alpha调整"效果，将其拖动到"01.mp4"素材上，如图5-45所示。

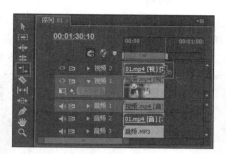

图 5-42

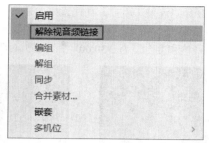

图 5-43

图 5-44

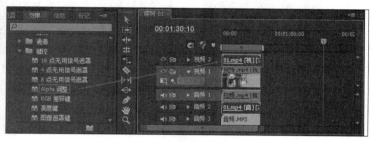

图 5-45

（8）单击"01.mp4"素材，打开"特效控制台"面板，将"透明度"设为"15.0%"，如图5-46所示。此时"节目"面板中的画面效果如图5-47所示。

图 5-46

图 5-47

（9）框选"时间轴"面板中的所有视频素材，右击素材片段，在弹出的快捷菜单中选择"嵌套"命令，如图5-48所示。

图 5-48

（10）打开"效果"面板，在搜索框中输入"快速色彩校正"，将搜索到的效果拖动到"嵌套序列01"素材中，打开"特效控制台"面板，在彩色圆环中调整"色相平衡和角度"，将指针拖动到蓝色处，然后将"饱和度"设为"30.00"，如图5-49所示。此时"节目"面板中的画面效果如图5-50所示。

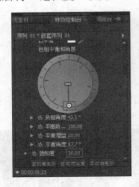

图5-49

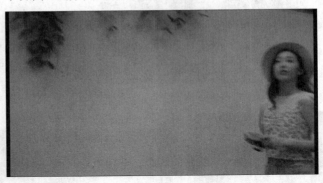

图5-50

（11）选择"文件"|"新建"|"字幕"命令，弹出"新建字幕"对话框，保持默认参数不变，单击"确定"按钮，如图5-51所示。

（12）在弹出的"字幕"编辑面板中，选择"圆角矩形工具"，绘制形状，如图5-52所示。

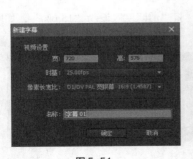

图5-51

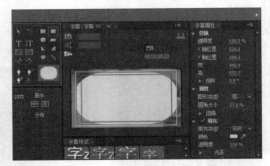

图5-52

（13）单击"垂直居中"按钮与"水平居中"按钮，然后将"圆角大小"设为"10.0%"，如图5-53所示。

（14）完成上述操作后，关闭"字幕"编辑面板，此时"字幕01"素材已被添加到"项目"面板，如图5-54所示。

（15）将"字幕01"素材拖动到"时间轴"面板中的"视频2"轨道，将鼠标指针移动到该素材的尾端，使其与"嵌套序列01"素材对齐，如图5-55所示。

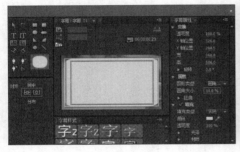

图5-53

图5-54

图5-55

（16）为"嵌套序列01"添加"轨道遮罩键"效果，打开"特效控制台"面板，展开"遮罩"下拉列表，选择"视频2"，如图5-56所示。此时"节目"面板中的画面效果如图5-57所示。

图5-56 图5-57

（17）为"字幕01"素材添加"边缘粗糙"效果，打开"特效控制台"面板，将"边框"设为"5.00"，"边缘锐度"设为"0.00"，如图5-58所示。此时"节目"面板中的画面效果如图5-59所示。

图5-58 图5-59

（18）按"Enter"键渲染项目，渲染完成后预览视频，画面效果如图5-60所示。

图5-60

✍ 素养课堂

　　中华人民共和国的航天事业起始于 1956 年。我国于 1970 年 4 月 24 日发射第一颗人造地球卫星，是世界上第 5 个能独立发射人造卫星的国家。我国发展航天事业的宗旨是：探索外太空，扩展对地球和宇宙的认识；和平利用外太空，促进人类文明和社会进步，造福全人类；满足经济建设、科技发展、国家安全和社会进步等方面的需求，提高全民科学素质，维护国家权益，增强综合国力。我国发展航天事业贯彻国家科技事业发展的指导方针，即自主创新、重点跨越、支撑发展、引领未来。

思考与练习

一、选择题

（1）（　　）效果不属于"键控"效果组。

　　A. "Alpha调整"　　B. "边缘粗糙"　　C. "色度键"　　D. "极致键"

（2）在Premiere Pro CS6中，"透明度"参数越大，图像（　　）。

　　A. 越透明　　　　B. 越不透明　　　C. 越大　　　　D. 越小

（3）在Premiere Pro CS6中，不可以在图像周围添加（　　）个控制点进行抠像。

　　A. 20　　　　　B. 16　　　　　C. 8　　　　　D. 4

二、填空题

（1）视频合成分为两种方式，即____和抠像。

（2）"蓝屏键"特效可以用于去除____背景。

（3）在拍摄抠像素材时，尽量选择颜色均匀且平整的____或蓝色背景进行拍摄。

三、判断题

（1）在拍摄抠像素材时，应该尽量避免主体对象的颜色与背景颜色不同。（　　）

（2）"非红色键"特效可以去除蓝色和绿色背景，不过是同时去除。（　　）

（3）"亮度键"特效可以去除素材中较亮的图像区域。（　　）

四、实操题

1. 课堂练习

【练习知识要点】通过调整素材透明度，应用"变亮"混合模式，制作小猫分身视频，效果如图5-61所示。

图5-61

2. 课后习题

【习题知识要点】为素材应用"亮度键"效果，抠除背景部分，完成画面的快速合成，效果如图5-62所示。

图5-62

第 **6** 章 色彩的校正与调整

不同的颜色具有不同的情感倾向，在视频编辑过程中，调整画面的色彩是非常重要的。调色不仅能使画面的各个元素变得更漂亮，而且能使元素融入画面中，使画面整体更加和谐。

📖 **课堂学习目标**

➤ 了解视频调色的基础知识。

➤ 掌握色彩校正基本提示。

➤ 掌握各类型色彩校正与调整效果的具体应用。

视频调色的基础知识

Premiere Pro CS6中的大多数图像增强效果不是基于视频的颜色机制，而是基于计算机创建颜色的原理。在使用Premiere Pro CS6进行色彩校正与调整前，学习一些关于计算机颜色的理论是有必要的。

6.1.1 认识颜色模式

本节将简单介绍RGB颜色模式与HLS颜色模式的相关知识。

1. RGB颜色模式

当观看计算机显示器上的图像时，颜色是通过红色、绿色和蓝色光线的不同组合而生成的。在Premiere Pro CS6中，图像的红色、绿色和蓝色成分都称为通道。

在Premiere Pro CS6中，用户可通过使用"颜色拾取"指定红色、绿色和蓝色值来创建颜色。在Premiere Pro CS6中创建项目后，选择"文件"|"新建"|"彩色蒙版"命令，可打开"颜色拾取"对话框，如图6-1所示。

在"颜色拾取"对话框中，若在颜色区中单击某一种颜色，右侧的颜色数值将发生改变。此外，也可以自行设置红色（R）、绿色（G）和蓝色（B）的数值（取值范围为0～255）来对颜色进行更改。

图6-1

下面列出的各种颜色组合有助于读者理解不同通道是如何创建颜色的。注意数值越小颜色越暗，数值越大颜色越亮。红色为0、绿色为0、蓝色也为0的组合创建的是黑色，没有亮度。如果将红色、绿色和蓝色值都设置为255，就会生成白色这一亮度最高的颜色。如果红色、绿色和蓝色都设置为相同的数值（除0和255外），就会生成深浅不同的灰色。较小的红色、绿色和蓝色值形成深灰，较大的红色、绿色和蓝色值形成浅灰。

黑色：0红色+0绿色+0蓝色。

白色：255红色+255绿色+255蓝色。

洋红：255红色+255蓝色。

黄色：255红色+255绿色。

青色：255绿色+255蓝色。

> 🔔 **提示**
>
> 仅使用RGB颜色中的两个成分会生成洋红、黄色或青色，它们分别是绿色、蓝色和红色的补色。理解色彩关系可以为调色工作提供有效帮助，通过颜色数值的调整，可以看出绿色和蓝色值越大，生成的颜色越发青；红色和蓝色值越大，生成的颜色就更加贴近洋红；红色和绿色值越大，生成的颜色就更黄。

2．HLS颜色模式

在HLS颜色模式中，颜色的创建方式与颜色的感知方式非常相似。色相是指颜色，亮度是指颜色的明暗，饱和度是指颜色的强度。用户使用HLS，通过在颜色轮上选择颜色并调整其饱和度和亮度，能够快速启动色彩校正工作。这一技术通常比通过增减红、绿、蓝颜色值微调颜色节省时间。

6.1.2 色彩校正基本提示

下面介绍画面色彩校正的一些基本提示。

1．校正画面整体的颜色错误

在处理作品时，用户通过对画面整体的观察，最先考虑到的就是整体的颜色有没有不足，如偏色、过曝、偏灰、明暗色差大等，如果出现这类问题，就需要对画面进行色彩校正。

一些新闻纪实类节目可能不需要对画面进行美化处理，因为要最大限度地保证画面的真实度。如果需要对画面进行进一步美化，用户就需要对画面细节进行处理。

2．细节美化

在完成基本的色彩校正后，可能一些细节还不尽如人意，如重点部分不突出、画面颜色不美观等。用户对画面细节的美化处理非常有必要，因为画面的重点常常集中在一个很小的部分上。在Premiere Pro CS6中，用户使用"调整图层"可以很好地处理画面的细节部分。

3．帮助元素融入画面

用户在制作一些设计作品或创意合成时，经常需要在原有的画面中添加一些其他元素，如在版面中添加新的主体物，或为对象更换一个新背景等。

当在画面中添加新元素时，素材之间的差异会令合成视频看上去不真实。除了元素内容、虚假程度、大小比例、透视角度等问题，新元素很可能与原始图像的颜色不统一，因此用户就需要单独对色调倾向不同的内容进行色彩校正，使不符合整体色调的局部颜色接近整体，达到画面整体统一的目的。

4．强化气氛，辅助主题表现

在画面整体、细节及新增元素的颜色都处理好之后，画面的颜色基本正确，但这还远远不够。要想让作品脱颖而出，需要的是超越其他作品的视觉效果，因此用户需要对图像的颜色进行进一步调整，这里的调整要考虑的是与图像主题的契合程度。

6.1.3 认识视频波形

在Premiere Pro CS6中，视频波形包括矢量示波器、YC波形、YCbCr检视和RGB检视等，它们可以将色彩信息以图形的形式进行直观展示，下面一一介绍。

1．矢量示波器

该视频波形主要用于检测色彩信号。信号的色相、饱和度构成一个圆形的图，饱和度从圆心开始向外扩展，信号越向外，饱和度越高。

由图6-2可以看出，素材右上方的饱和度较低，绿色的饱和度信号处于中心位置，素材左下方的饱和度较高。

2．YC波形

该视频波形在检测亮度信号时非常有用。它使用IRE标准单位进行检测，水平方向轴表示视频图像，垂直方向轴表示视频亮度。YC波形图中的绿色波形表示视频亮度，视频画面越亮，波形的显示位置越靠上；视频画面越暗，波形的显示位置越靠下。蓝色波形则表示色度。通常，亮度和色度会重叠在一起，而它们的IRE值也基本相同，如图6-3所示。

 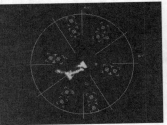 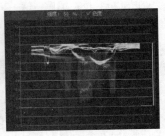

图6-2 图6-3

> **提示**
>
> 若不想在YC波形图里显示蓝色波形，可取消勾选"色度"复选框。

3．YCbCr检视

该视频波形主要用于检测NTSC颜色区间。左侧的垂直信号表示视频的亮度，右侧的水平线为色相区域，水平线上的波形则表示饱和度，如图6-4所示。

4．RGB检视

该视频波形主要用于检测RGB颜色区间。水平坐标从左到右分别为红色、绿色、蓝色区间，垂直坐标表示颜色数值，如图6-5所示。

图6-4 图6-5

6.1.4 课堂案例——显示视频波形

在进行色彩校正前，用户必须保证监视器颜色显示准确，否则调整出来的颜色就不准确。下面讲解显示视频波形的具体操作。

（1）启动Premiere Pro CS6，按"Ctrl+O"组合键打开路径文件夹中的"显示视频波形.prproj"项目文件。进入工作界面后，用户可以看到"时间轴"面板已经添加了图像素材，如图6-6所示。

（2）单击"节目"面板右上方的 ▦▦ 按钮，在弹出的菜单中选择"矢量示波器"命令，如图6-7所示。

（3）完成上述操作后，可在"节目"面板预览视频波形，如图6-8所示。

扫码看微课

图 6-6

图 6-7

图 6-8

6.2 调整

用户如果需要调整素材的亮度、对比度以及通道，修复素材的偏色或者曝光不足等缺陷，提高素材画面的亮度，制作特殊的素材效果，可以使用"调整"特效。打开"效果"面板，展开"视频特效"里的"调整"卷展栏，用户可以看到9种视频特效，具体介绍如下。

6.2.1 卷积内核

该特效根据数学卷积积分运算改变素材中每个像素的颜色和亮度值来改变图像的质感，效果如图6-9所示。应用该特效后，"特效控制台"面板中的各项参数如图6-10所示。

特效参数说明如下。

➢ M11～M33：表示像素亮度增效的矩阵，参数的取值范围为-30～30。

➢ 偏移：用于调整素材色彩明暗的偏移量。

➢ 缩放：输入一个数值，在积分操作中包含的像素总和将除以该数值。

图 6-9

图 6-10

6.2.2 提取

该特效可以从视频片段中吸取颜色，然后通过设置灰度的范围来控制影像的显示，效果如图6-11所示。应用该特效后，打开"特效控制台"面板，如图6-12所示。

图6-11　　　　　　　　　　　　　　　　图6-12

特效参数说明如下。

- 输入黑色阶：表示画面中黑色的提取情况。
- 输入白色阶：表示画面中白色的提取情况。
- 柔和度：用于调整画面的灰度，数值越大，灰度越高。
- 反相：勾选此复选框，可以将黑色和白色像素进行反转。

6.2.3 自动颜色

该特效主要用于调整素材的颜色，应用前、后的效果如图6-13所示。

"自动对比度""自动色阶""自动颜色"这3种特效均具有5个相同的参数，具体含义如下。

图6-13

- 瞬时平滑：控制有多少帧被用来决定图像中需要调整颜色的数量范围。当"瞬时平滑"的数值为0时，Premiere Pro CS6将独立地分析每一帧；当"瞬时平滑"的数值大于1时，Premiere Pro CS6会以1s的时间间隔分析帧。
- 场景检测：在设置了"瞬时平滑"的数值后，该复选框才被激活。勾选此复选框，Premiere Pro CS6将忽略场景变化。
- 减少黑色像素/减少白色像素：用于减少图像的黑色/白色。
- 与原始图像混合：用于控制素材应用特效的程度。当"与原始图像混合"的数值为0时，在素材上可以看到100%的特效；当"与原始图像混合"的数值为100时，在素材上可以看到0%的特效。

6.2.4 色阶

该特效的作用是调整视频的亮度和对比度，效果如图6-14所示。应用该特效后，"特效控制台"面板中的各项参数如图6-15所示。

图 6-14

图 6-15

单击右上角的"设置"按钮 ，弹出"色阶设置"对话框，左边显示了当前画面的柱状图，水平方向代表亮度值，垂直方向代表像素总数。在该对话框上方的下拉列表中，用户可以选择需要调整的颜色通道，如图6-16所示。

图 6-16

➢ **通道**：在该下拉列表中可以选择需要调整的颜色通道。

➢ **输入色阶**：用于进行颜色的调整。拖动下方的三角滑块可以改变颜色的亮度。

➢ **输出色阶**：用于调整输出的级别。在该文本框中输入有效数值，可以对素材输出亮度进行修改。

➢ **载入**：单击该按钮可以载入已存储的效果。

➢ **存储**：单击该按钮可以保存当前的设置。

6.2.5　其他特效

1. 基本信号控制

该特效可以用于调整素材的亮度、对比度和色相，是一个较为常用的视频特效。应用"基本信号控制"特效前、后的效果如图6-17所示。

图 6-17

2. 照明效果

该特效可以为素材添加最多5个灯光照明，以模拟舞台追光灯的效果。用户在"特效控制台"面板中可以设置灯光的类型、方向、强度、颜色和中心点的位置等。应用前、后的效果如图6-18所示。

图 6-18

3. 自动对比度

该特效可以调整所有颜色的亮度和对比度,应用前、后的效果如图6-19所示。

图6-19

4. 自动色阶

该特效主要用于调整素材的暗部和高亮区域,应用前、后的效果如图6-20所示。

图6-20

5. 阴影/高光

该特效用于调整素材的阴影和高亮区域,应用前、后的效果如图6-21所示。该特效不用于整个图像的调暗或亮度的提高,但它可以单独调整图像的高亮区域,并且是基于图像周围的像素进行调整。

图6-21

6.2.6 课堂案例——调整素材色相

下面讲解应用"基本信号控制"特效调整素材色相的方法。

(1)启动Premiere Pro CS6,按"Ctrl+O"组合键打开路径文件夹中的"调整素材色相.prproj"项目文件,进入工作界面后,用户可以看到"时间轴"面板上已经添加的素材,此时"节目"面板中的画面如图6-22所示。

(2)打开"效果"面板,展开"视频特效"卷展栏,将"调整"卷展栏中的"基本信号控制"效果拖动到"时间轴"面板的素材中,如图6-23所示。

扫码看微课

图6-22

图6-23

（3）打开"特效控制台"面板，展开"色相"，拖动鼠标或直接单击"色相"右侧的数值，输入"-90"，按"Enter"键，如图6-24所示。

（4）完成上述操作后，"节目"面板中的画面效果如图6-25所示。

图6-24

图6-25

6.3 图像控制

通过"效果"面板中的图像控制类效果，可以平衡画面中强弱、浓淡、轻重的色彩关系，使画面更能满足观众的视觉需求。图像控制类效果包含5种视频特效，具体介绍如下。

6.3.1 灰度系数校正

该特效用于在不改变图像高亮区域和低亮区域的情况下使图像变亮或者变暗，应用前、后的效果如图6-26所示。在进行灰度系数校正时，用户可通过拖动滑块调节图像的Gamma值，可调节的数值范围为1～28，数值越小画面越亮，数值越大画面越暗。

图6-26

🔔 **提示**

调色命令虽多，但并不是每一种都特别常用，或者说，并不是每一种都适合自己使用。其实在实际调色过程中，用户想要实现某种颜色效果，往往既可以使用这种命令，又可以使用那种命令。这时千万不要因为书中或者教程中使用了某个特定命令，而必须去使用这个命令，用户只需要选择自己习惯使用的命令即可。

6.3.2 颜色平衡（RGB）

该特效是按RGB值来调整视频的颜色，校正图像色彩，应用前、后的效果如图6-27所示。应用该特效后，"特效控制台"面板中的各项参数如图6-28所示。

图6-27　　　　　　　　　　　　　　　　　　　图6-28

特效参数说明如下。

➤ 红色/绿色/蓝色：拖动滑块调整图像中红色/绿色/蓝色通道的贡献值。

6.3.3 颜色替换

"颜色替换"特效用于在不改变灰度的情况下，将选中的色彩以及与之有一定相似度的色彩都用一种新的颜色代替，应用前、后的效果如图6-29所示。应用该特效后，"特效控制台"面板中的各项参数如图6-30所示。

图6-29　　　　　　　　　　　　　　　　　　　图6-30

特效参数说明如下。

➤ 相似性：可以增大或减小被替换颜色的范围。当滑块在最左边时，不进行颜色替换；当滑块在最右边时，整个画面颜色都将被替换。

➤ 目标颜色：在弹出的"颜色拾取"对话框中调配一种颜色，作为被替换的目标色，或者直接用"吸管工具" 在"节目"面板中单击吸取需要被替换的目标色。

➤ 替换颜色：在弹出的"颜色拾取"对话框中调配一种颜色，作为替换色，或者直接用"吸管工具" 在"节目"面板中单击吸取需要的替换色。

6.3.4 其他特效

1. 色彩传递

该特效用于使图像中被选中的色彩区域的颜色保持不变，没被选中的色彩区域的颜色转换为灰色，应用前、后的效果如图6-31所示。

图6-31

2. 黑白

该特效用于将彩色图像直接转换成灰度图像,应用前、后的效果如图6-32所示。

图6-32

6.3.5 课堂案例——制作回忆效果

本案例将介绍如何为素材添加"黑白"效果。

（1）启动Premiere Pro CS6,按"Ctrl+O"组合键打开"回忆效果.prproj"项目文件。

（2）选择"剃刀工具" ,在"时间轴"面板中分割素材,如图6-33所示。

（3）打开"效果"面板,在搜索框中输入"黑白",将搜索到的效果拖动到素材的后半段,如图6-34所示。

扫码看微课

图6-33　　　　　　　　　　　　　　　　　　图6-34

（4）参考以上步骤,为素材添加"擦除"切换效果,并将鼠标指针移动到效果边缘,拖动调整其长度,如图6-35所示。

（5）完成上述操作后,"节目"面板中的画面效果如图6-36所示。

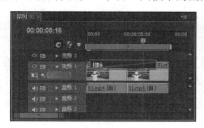

图6-35　　　　　　　　　　　　　　　图6-36

6.4 色彩校正

色彩校正类特效主要用于对视频素材进行色彩校正，包含亮度校正、色彩平衡、更改颜色、染色、RGB色彩校正等17种特效。

6.4.1 RGB 曲线

该特效通过曲线调整红色、绿色、蓝色3个通道中的数值，达到改变图像素材的目的，应用前、后的效果如图6-37所示。应用该特效后，"特效控制台"面板中的各项参数如图6-38所示。

特效参数说明如下。

➤ 输出：选择在"节目"面板中素材设置后显示的混合模式。

➤ 显示拆分视图：勾选该复选框，在"节目"面板中图像的一部分将是原图像颜色。

图6-37   图6-38

➤ 版面：选择在"节目"面板中显示分割图像的模式（水平或垂直）。

➤ 拆分视图百分比：设置分割图像的比例。

➤ 主通道：改变曲线的形状时，将改变素材的亮度和所有颜色通道的色调。曲线向下弯曲，整个素材的颜色将变暗，曲线向上弯曲，则整个素材的颜色将变亮。

➤ 红色、绿色和蓝色：改变曲线的形状时，将改变素材红色、绿色、蓝色通道的亮度和色调。曲线向下弯曲，整个素材的颜色将变暗；曲线向上弯曲，则整个素材的颜色将变亮。

6.4.2 亮度与对比度

该特效用于调整素材的亮度和对比度，并同时调节素材的亮部、暗部和中间色，应用前、后的效果如图6-39所示。应用该特效后，"特效控制台"面板中的各项参数如图6-40所示。

特效参数说明如下。

➤ 亮度：用于调整素材画面的亮度。

➤ 对比度：用于调整素材画面的对比度。

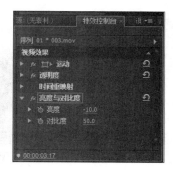

图 6-39　　　　　　　　　　　　　　　　　　图 6-40

6.4.3　分色

该特效可以准确指定颜色或者删除图层中的颜色，应用前、后的效果如图6-41所示。应用该特效后，"特效控制台"面板中的各项参数如图6-42所示。

图 6-41　　　　　　　　　　　　　　　　　　图 6-42

特效参数说明如下。

- ➢　脱色量：用于设置指定图层中需要删除的颜色数量。
- ➢　要保留的颜色：用于设置图像中需要保留的颜色。
- ➢　宽容度：用于设置颜色的容差。
- ➢　边缘柔和度：用于设置颜色分界线的柔化程度。
- ➢　匹配颜色：用于设置颜色的对应模式。

6.4.4　广播级颜色

该特效可以校正广播级的颜色和亮度，使影视作品在电视机中播放时色彩准确，应用前、后的效果如图6-43所示。应用该特效后，"特效控制台"面板中的各项参数如图6-44所示。

特效参数说明如下。

- ➢　广播区域：用于设置PAL和NTSC两种电视制式。
- ➢　如何确保颜色安全：用于设置实现安全色的方法。
- ➢　最大信号波幅：用于限制最大的信号幅度。

图 6-43   图 6-44

6.4.5   色彩均化

  该特效可以修改图像的像素值并将其颜色值进行平均化处理，应用前、后的效果如图6-45所示。应用该特效后，"特效控制台"面板中的各项参数如图6-46所示。

图 6-45   图 6-46

  特效参数说明如下。

➢ 色调均化：用于设置平均化的方式，有"RGB""亮度""Photoshop样式"3个选项供选择。

➢ 色调均化量：用于设置重新分布亮度值的程度。

6.4.6   转换颜色

  该特效可以在图像中将一种颜色转换为另一种颜色，应用前、后的效果如图6-47所示。应用该特效后，"特效控制台"面板中的各项参数如图6-48所示。

图 6-47   图 6-48

特效参数说明如下。

➢ **从**：用于设置当前图像中需要转换的颜色，可以利用其右侧的"吸管工具" ✎ 在"节目"面板中提取颜色。

➢ **到**：用于设置转换后的颜色。

➢ **更改**：用于设置更改颜色的要素。

➢ **更改依据**：用于设置颜色转换方式，有"颜色设置"和"颜色变换"两个选项供选择。

➢ **宽容度**：用于设置色相、亮度和饱和度的值。

➢ **柔和度**：用于通过百分比控制柔和度。

➢ **查看校正杂边**：用于选择是否查看颜色转换部分图像的边缘。

6.4.7　其他特效

1．RGB色彩校正

该特效可以通过修改红色、绿色和蓝色3个通道中的参数，实现对图像颜色和亮度的调整，应用前、后的效果如图6-49所示。

图6-49

2．三路色彩校正

该特效可以通过旋转3个色盘来调整颜色的平衡，应用前、后的效果如图6-50所示。

图6-50

3．亮度曲线

该特效通过亮度曲线实现对图像亮度的调整，应用前、后的效果如图6-51所示。

图6-51

4. 亮度校正

该特效通过调整亮度进行图像色彩的校正，应用前、后的效果如图6-52所示。

图6-52

5. 色彩平衡

该特效可以按照RGB颜色调节视频的颜色，以达到校色的目的，应用前、后的效果如图6-53所示。

图6-53

6. 色彩平衡（HLS）

该特效通过对图像色相、亮度和饱和度的精确调整，实现对图像颜色的调整，应用前、后的效果如图6-54所示。

图6-54

7. 视频限幅器

该特效利用视频限幅器对图像的颜色进行调整，应用前、后的效果如图6-55所示。

图6-55

8. 快速色彩校正

该特效可以快速地进行图像色彩校正，应用前、后的效果如图6-56所示。

9. 更改颜色

该特效用于改变图像中某种颜色区域的色调，应用前、后的效果如图6-57所示。

图 6-56

图 6-57

10. 染色

该特效用于调整图像中包含的颜色信息，在最亮和最暗之间确定融合度，应用前、后的效果如图6-58所示。

图 6-58

11. 通道混合

该特效用于调整通道的颜色数值，实现对图像颜色的调整。设置每一个颜色通道的百分比，可以创建高质量的灰度图像，还可以创建高质量的棕色或其他色调的图像，并且可以对通道进行交换和复制，应用前、后的效果如图6-59所示。

图 6-59

6.4.8 课堂案例——调整小清新 Vlog

本案例将介绍通过为素材添加"色彩平衡"效果，调整"小清新"风格颜色。

（1）启动Premiere Pro CS6，按"Ctrl+O"组合键打开"小清新.prproj"项目文件。

（2）打开"效果"面板，在搜索框中输入"色彩平衡"，将搜索到的效果拖动到"时间轴"面板的素材中，如图6-60所示。

（3）打开"特效控制台"面板，单击"阴影绿色平衡"右边的数值，输入"20"，如图6-61所示，按"Enter"键。

扫码看微课

（4）参考上述步骤调整其他参数，然后勾选"保留亮度"复选框，如图6-62所示。

图6-60　　　　　　　　　　图6-61　　　　　　　　　图6-62

（5）完成上述操作后，"节目"面板中的画面调整前、后的效果如图6-63所示。

图6-63

课后实训——季节更替短片

影视作品中经常出现季节更替的镜头以表达时间的流逝，为了节约时间成本，可以利用后期调色去展现相应画面，本实训将讲解怎么通过Premiere Pro CS6来制作一段季节更替短片。

1. 新建项目、编辑素材

下面将新建项目序列，导入事先准备好的素材，然后对素材进行分割及添加过渡效果等。

扫码看微课

（1）启动Premiere Pro CS6，在欢迎对话框中，单击"新建项目"按钮，弹出"新建项目"对话框，设置"位置"，选择保存文件的路径，在"名称"文本框中输入"季节更替"，如图6-64所示。单击"确定"按钮，弹出"新建序列"对话框，在左侧的列表中展开"DV-PAL"选项，选择"宽银幕48kHz"，如图6-65所示，单击"确定"按钮完成序列的创建。

（2）打开素材所在文件夹，选择需要导入的素材，将其拖动到"项目"面板，如图6-66所示。

（3）将"项目"面板中的"01.mp4"素材拖动到"时间轴"面板中的"视频1"轨道，如图6-67所示。

（4）使用"剃刀工具"将"01.mp4"素材平均分割成4个部分，如图6-68所示。

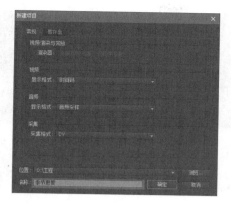

图 6-64　　　　　　　　　　　　　　　　图 6-65

图 6-66

图 6-67　　　　　　　　　　　　　　　　图 6-68

（5）选择"选择工具" ，右击"01.mp4"素材的第一部分，在弹出的快捷菜单中选择"重命名"命令，如图6-69所示。

（6）弹出"重命名素材"对话框，在文本框里输入"春"，单击"确定"按钮，如图6-70所示。

图 6-69　　　　　　　　　　　　　　　　图 6-70

（7）参考上述步骤，将其余3段素材分别重命名为"夏""秋""冬"，此时"时间轴"面板如图6-71所示。

（8）打开"效果"面板，在搜索框中输入"交叉叠化（标准）"，将搜索到的切换效果拖动到每两段素材之间，如图6-72所示。

图6-71　　　　　　　　　　　　　　　图6-72

2. 调整素材颜色

下面将对素材进行调色处理，使画面的各个元素变得更漂亮，通过色彩的调整使元素融入画面中，使画面整体效果更加统一。

（1）打开"效果"面板，展开"视频特效"卷展栏下的"调整"卷展栏，将"基本信号控制"效果拖动到"春"素材中，如图6-73所示。

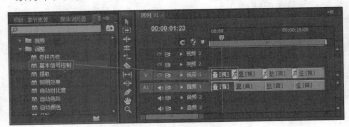

扫码看微课

图6-73

（2）打开"特效控制台"面板，将"亮度"设为"10.0"，"对比度"设为"80.0"，"色相"设为"-5.0°"，"饱和度"设为"200.0"，如图6-74所示。此时"节目"面板中的画面效果如图6-75所示。

图6-74

图6-75

（3）打开"效果"面板，展开"视频特效"卷展栏下的"色彩校正"卷展栏，将"三路色彩校正"效果拖动到"夏"素材中，如图6-76所示。

（4）将时间线移动到"夏"素材相应的位置，打开"特效控制台"面板，勾选"主控"复选框，如图6-77所示。然后选择"阴影"下方的"吸管工具"，在"节目"面板中单击吸取画面中的深绿色，如图6-78所示。

图6-76

图 6-77　　　　　　　　　　　　　　图 6-78

（5）参考上述步骤，使用"中间调"下方的"吸管工具"  吸取绿色，使用"高光"下方的"吸管工具" 吸取嫩绿色，如图6-79所示。

（6）向下拖动滚动条，展开"饱和度"，将所有饱和度参数都设为"200.00"，如图6-80所示。

（7）此时"节目"面板中的画面效果如图6-81所示。

图 6-79　　　　　　　　　图 6-80　　　　　　　　　　　图 6-81

（8）参考以上步骤，为"秋"素材添加"通道混合"效果。将时间线移动到"秋"素材相应的位置，打开"特效控制台"面板，将"红色-红色"参数设为"0"，"红色-绿色"参数设为"200"，"红色-蓝色"参数设为"-100"，如图6-82所示。

（9）此时"节目"面板中的画面效果如图6-83所示。

图 6-82　　　　　　　　　　　　　　图 6-83

（10）为"冬"素材添加"转换颜色"效果。将时间线移动到"冬"素材相应的位置，打开"特效控制台"面板，选择"从"右边的"吸管工具" ，如图6-84所示。在"节目"面板中单击吸取画面中的绿色，如图6-85所示。

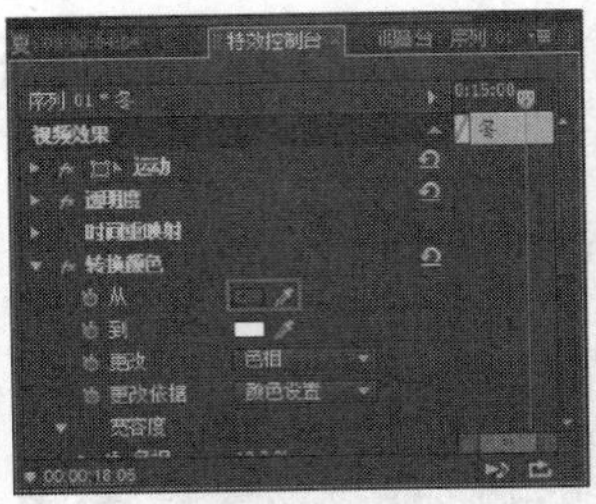

图 6-84

图 6-85

（11）选择"到"右边的"吸管工具" ，如图6-86所示。在"节目"面板中单击吸取画面中的蓝色，如图6-87所示。

图 6-86

图 6-87

（12）向下拖动滚动条，将"色相"和"柔和度"都设为"100.0%"，如图6-88所示。

（13）将"项目"面板中的"雪.mp4"素材拖动到"冬"素材上方，使用"选择工具" 拖动"雪.mp4"素材边缘，使其与"冬"素材对齐，如图6-89所示。

图 6-88

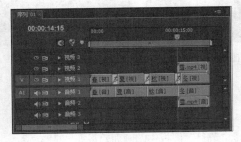

图 6-89

（14）选择"雪.mp4"素材，打开"特效控制台"面板，展开"透明度"，展开"混合模式"下拉列表，选择"滤色"选项，如图6-90所示。

（15）完成上述操作后，"节目"面板中的画面效果如图6-91所示。

图 6-90

图 6-91

（16）至此，季节更替短片制作完成，效果如图6-92所示。

图6-92

素养课堂

　　"颜色"最初并不是指颜色，而是"容貌面色"的意思，到了唐朝，才开始以"颜色"一词作为自然界色彩的统称。我国传统色彩重视色彩的意象，追求的是"随类赋彩""以色达意"，没有确定的概念。所以不使用色相、亮度、饱和度这三要素定义色彩，而是用正色、间色来区分。正色就是原色，古代原色以"阴阳五行"学说中五行，即水、火、木、金、土，分别对应黑、赤、青、白、黄作为色彩象征，称为五色体系。古人认为这5种颜色是最纯正的，只能从自然界提取原料制作，其他任何色彩相混都得不到这5种颜色，因此这5种颜色就是正色。间色是正色按照五行相克的规律两两调配得到的结果。红、绿、紫、碧、骝黄5种颜色为间色。不过，由于五间色本身还能再生成间色，所以间色的数量是非常大的，如天水碧、海天霞、月白、胭脂、青黛等色彩几乎都是间色。我国的传统色彩，在几千年的持续更迭中，经历了由简到繁的发展历程。每种颜色都凝结着古人的智慧，以及对生活、大自然的热爱。我国传统色彩体系融合了自然、宇宙、伦理、哲学等的观念，形成了独特的中国色彩文化。

思考与练习

一、选择题

（1）（　　）效果属于"色彩校正"效果组。

　　A．亮度曲线　　　　B．颜色替换　　　　C．自动颜色　　　　D．黑白

（2）在Premiere Pro CS6中，下列数值组合中可以生成黑色的是（　　）。

　　A．255绿色+255蓝色　　　　　　　　B．255红色+255绿色+255蓝色

　　C．255红色+255绿色　　　　　　　　D．0红色+0绿色+0蓝色

（3）（　　）特效可以校正广播级的颜色和亮度，使影视作品在电视机中播放时色彩准确。

　　A．快速色彩校正　　B．视频限幅器　　　C．广播级颜色　　　D．三路色彩校正

二、填空题

（1）"RGB曲线"特效通过曲线调整红色、绿色、____3个通道中的数值，达到改变图像素材的目的。

（2）____视频波形主要用于检测NTSC颜色区间。

（3）____特效可以将彩色图像直接转换成灰度图像。

三、判断题

（1）通过增减红、绿、蓝颜色值微调颜色时，红色和绿色值越大，生成的颜色越发青。（　　　　）

（2）照明效果可以为素材添加最多4个灯光照明。（　　　　）

（3）"阴影/高光"特效可以用于整个图像的调暗或亮度的提高。（　　　　）

四、实操题

1．课堂练习

【练习知识要点】使用"更改颜色"特效调整图像的饱和度，将花的颜色从粉色更改为白色，调整前、后的效果如图6-93所示。

图6-93

2．课后习题

【习题知识要点】为素材应用"灰色系数校正"效果，使图像变暗，应用前、后的效果如图6-94所示。

图6-94

第 7 章　创建字幕与图形

　　字幕创建是视频编辑软件的一项基本功能，字幕除了可以帮助视频更完整地展现相关内容信息，还可以起到美化画面、表现创意的作用。Premiere Pro CS6的内置字幕设计为用户提供了丰富、实用的字幕创建及编辑功能，可以帮助用户轻松完成各类型字幕的制作。

▌📖 课堂学习目标

➢ 掌握字幕的创建方法。

➢ 掌握"字幕"编辑面板中各部分的使用方法。

➢ 掌握图形元素的创建与编辑操作。

字幕基本操作

本节将讲解字幕的一些基本操作，包括创建字幕、添加字幕。

7.1.1 创建字幕

1. 通过"文件"菜单创建字幕

在Premiere Pro CS6工作界面中，选择"文件"|"新建"|"字幕"命令，如图7-1所示。在弹出的"新建字幕"对话框中可以设置字幕的宽、高、时基、像素长宽比以及名称，如图7-2所示。设置好参数之后，单击"确定"按钮即可创建字幕。

图 7-1   图 7-2

2. 通过"字幕"菜单创建字幕

在打开或新建一个项目文件后，选择"字幕"|"新建字幕"命令，可以在弹出的子菜单中选择需要创建的字幕类型，如图7-3所示。

3. 在"项目"面板中创建字幕

打开或新建一个项目文件之后，在"项目"面板中单击下方的"新建分项"按钮 ，或直接在空白处右击鼠标，在弹出的快捷菜单中选择"字幕"命令，即可打开"新建字幕"对话框，创建需要的字幕素材，如图7-4所示。

图 7-3   图 7-4

7.1.2 添加字幕

在Premiere Pro CS6中添加字幕的方法与添加其他素材的方法基本相同。用户在"字幕"编辑面板中完成字幕的编辑处理后,关闭"字幕"编辑面板,字幕素材将自动添加至"项目"面板。用户只需要像添加图像或视频素材一样,将字幕素材拖至"时间轴"面板的相应轨道上即可,如图7-5所示。

图7-5

🔔 **提示**

本章中部分实例使用了一些特殊字体,在读者的计算机中可能没有该字体,打开相应的文件时,文字的效果就会与书中不一致,包括文字的大小不一致、位置不一致、字体外观不一致等问题。读者可以自行下载相应的字体,并安装到计算机中解决这一问题,或者使用自己计算机中的相似字体,并按照实际情况适当修改文字的大小和文字位置等。读者需要学习创建文字、使用文字的方式和方法,字体的类型可以根据作品实际需要进行调整。

7.1.3 课堂案例——创建片头字幕

本案例将演示如何在项目中制作片头字幕。

(1)启动Premiere Pro CS6,按"Ctrl+O"组合键打开路径文件夹中的"创建片头字幕.prproj"项目文件。

(2)选择"字幕"|"新建字幕"|"默认静态字幕"命令,弹出"新建字幕"对话框,保持默认参数不变,单击"确定"按钮,如图7-6所示。

(3)弹出"字幕"编辑面板,将鼠标指针移动到字幕工作区,单击画面中心,如图7-7所示。

(4)在弹出的文本框中输入"Good morning",依次单击"水平居中"按钮 与"垂直居中"按钮 ,如图7-8所示。然后关闭"字幕"编辑面板。

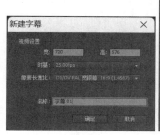

图7-6

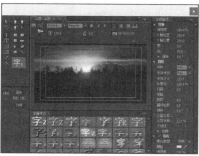

图7-7

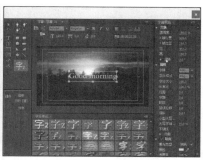

图7-8

（5）将"项目"面板中自动添加的"字幕01"素材拖动到"时间轴"面板中的"视频2"轨道，使其与"视频1"轨道的"01.mp4"素材对齐，如图7-9所示。

（6）完成上述操作后，"节目"面板中的画面效果如图7-10所示。

图7-9

图7-10

7.2

认识"字幕"编辑面板

新建字幕时，在打开的"新建字幕"对话框中设置好相应参数和名称，单击"确定"按钮，即可打开"字幕"编辑面板，如图7-11所示。

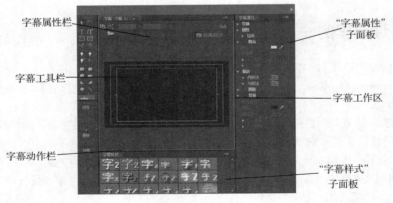

图7-11

其中，字幕工作区是指文字及图形的显示界面，其上方为字幕属性栏，左侧为字幕工具栏和字幕动作栏，右侧为"字幕属性"子面板，下方为"字幕样式"子面板。

7.2.1 字幕属性栏

字幕属性栏主要用于设置字幕的运动类型、字体、加粗、斜体、下画线等，如图7-12所示。工具说明如下。

➢ **基于当前字幕新建按钮**：单击该按钮，将弹出"新建字幕"对话框。

图 7-12

➢ **滚动/游动选项按钮**：单击该按钮，将弹出"滚动/游动选项"对话框，如图7-13所示。在该对话框中可以设置字幕的运动类型。

➢ **字体下拉列表** SimHei：在此下拉列表中可以选择字体。

➢ **字体样式下拉列表** Regular：在此下拉列表中可以选择字体样式。

➢ **粗体按钮** B：单击该按钮，可以将当前选中的文字加粗。

➢ **斜体按钮** I：单击该按钮，可以使当前选中的文字倾斜。

➢ **下画线按钮** U：单击该按钮，可以为文字设置下画线。

➢ **字体大小** T：设置文字的大小。

➢ **字距** AV：设置文字之间的字距。

➢ **行距** A：设置文字之间的行距。

➢ **左对齐按钮** ：单击该按钮，将所选对象左对齐。

➢ **居中按钮** ：单击该按钮，将所选对象居中对齐。

➢ **右对齐按钮** ：单击该按钮，将所选对象右对齐。

➢ **制表符设置按钮** ：单击该按钮，将弹出"制表符设置"对话框，如图7-14所示。在该对话框中可以设置制表符的对齐方式。

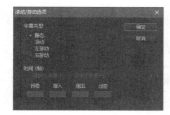

图 7-13

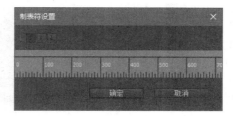

图 7-14

🔔 **提示**

"制表符设置"对话框中有添加制表符的区域，用户可以通过单击刻度尺上方的浅灰色区域来添加制表符。

➢ **显示背景视频按钮** ：单击该按钮，将显示当前时间线所处位置的背景视频，可以输入一个有效的时间值来调整当前显示画面。

7.2.2 字幕工具栏

字幕工具栏中包括用于生成、编辑文字与图形的工具，如图7-15所示。

工具说明如下。

➢ **选择工具** ：用于选择一个图形或文字块。按住"Shift"键使用"选择工具" 可以选择多个图形，直接拖动图形的控制柄改变图形区域和大小。对Bezier曲线图形来说，用户还可以使用"选择工具" 编辑节点。

图 7-15

➢ 旋转工具■：旋转对象。

➢ 输入工具■：创建并编辑文字。

➢ 垂直文字工具■：创建并编辑竖排文字。

➢ 区域文字工具■：创建段落文字。区域文字工具与普通文字工具的不同在于，它建立文本的时候，首先要限定一个文本框，调整文字属性时，文本框不会受到影响。

➢ 垂直区域文字工具■：创建竖排段落文字。

➢ 路径文字■：使用该工具可以创建出沿路径弯曲且平行于路径的文本。

➢ 垂直路径文字■：使用该工具可以创建出沿路径弯曲且垂直于路径的文本。

➢ 钢笔工具■：创建复杂的曲线。

➢ 删除定位点工具■：在线段上减少节点。

➢ 添加定位点工具■：在线段上增加节点。

➢ 转换定位点工具■：产生一个尖角。

➢ 矩形工具■：绘制矩形。

➢ 圆角矩形工具■：绘制带有圆角的矩形。

➢ 切角矩形工具■：绘制矩形，并且对其四角进行剪裁控制。

➢ 圆矩形工具■：绘制偏圆的矩形。

➢ 楔形工具■：绘制三角形。

➢ 弧形工具■：绘制弧形。

➢ 椭圆工具■：绘制椭圆形。按住"Shift"键可绘制圆形。

➢ 直线工具■：绘制直线。

7.2.3 字幕动作栏

字幕动作栏主要用于对单个对象或者多个对象进行对齐、排列和分布的调整，如图7-16所示。在"对齐"选项组中可以对选择的多个对象进行对齐。

➢ 水平靠左按钮■：使所选对象在水平方向上靠左对齐。

➢ 垂直靠上按钮■：使所选对象在垂直方向上靠顶部对齐。

➢ 水平居中按钮■：使所选对象在水平方向上居中对齐。

➢ 垂直居中按钮■：使所选对象在垂直方向上居中对齐。

➢ 水平靠右按钮■：使所选对象在水平方向上靠右对齐。

图 7-16

➢ 垂直靠下按钮■：使所选对象在垂直方向上靠底部对齐。

在"居中"选项组中可以调整对象的位置。

> 垂直居中按钮█：移动对象使其垂直居中。
> 水平居中按钮█：移动对象使其水平居中。

在"分布"选项组中可以使选中的对象按指定的方式进行分布。

> 水平靠左按钮█：对多个对象进行水平方向上的左对齐分布，并且每个对象左边缘的间距相同。
> 垂直靠上按钮█：对多个对象进行垂直方向上的顶部对齐分布，并且每个对象上边缘的间距相同。
> 水平居中按钮█：对多个对象进行水平方向上的居中均匀对齐分布。
> 垂直居中按钮█：对多个对象进行垂直方向上的居中均匀对齐分布。
> 水平靠右按钮█：对多个对象进行水平方向上的右对齐分布，并且每个对象右边缘的间距相同。
> 垂直靠下按钮█：对多个对象进行垂直方向上的底部对齐分布，并且每个对象下边缘的间距相同。
> 水平等距间隔按钮█：对多个对象进行水平方向上的均匀分布对齐。
> 垂直等距间隔按钮█：对多个对象进行垂直方向上的均匀分布对齐。

7.2.4 课堂案例——制作片尾滚动字幕

本案例将演示如何在项目中制作片尾滚动字幕。

（1）启动Premiere Pro CS6，按"Ctrl+O"组合键打开路径文件夹中的"片尾滚动字幕.prproj"项目文件。进入工作界面后，可以看到"时间轴"面板中已经添加的背景图像以及背景音乐素材，如图7-17所示。在"节目"面板中可以预览当前素材效果，如图7-18所示。

（2）选择"字幕"|"新建字幕"|"默认滚动字幕"命令，弹出"新建字幕"对话框，保持默认参数不变，单击"确定"按钮，如图7-19所示。

图 7-17 　　　　　　　　　图 7-18 　　　　　　　　　图 7-19

（3）进入"字幕"编辑面板，将鼠标指针移动到字幕工作区，单击画面，如图7-20所示。

（4）打开路径文件夹中的"字幕.txt"文本文件，全选文字，按"Ctrl+C"组合键复制，如图7-21所示。

（5）返回Premiere Pro CS6，单击文本框，按"Ctrl+V"组合键粘贴，如图7-22所示，可以看到此时字幕工作区中有些文字无法显示，且文字过大。

图 7-20 　　　　　　　　　图 7-21 　　　　　　　　　图 7-22

（6）在"字体"下拉列表 SimHei 中选择"Microsoft YaHei UI"字体，如图7-23所示。然后选择"选择工具" ，单击"字体大小" 右边的数值，将文字大小设为"45.0"，字距设为"3.0"，行距设为"5.0"，如图7-24所示。

（7）单击"滚动/游动选项"按钮 ，弹出"滚动/游动选项"对话框，勾选"开始于屏幕外"与"结束于屏幕外"复选框，然后单击"确定"按钮，如图7-25所示。

图7-23

图7-24

图7-25

（8）关闭"字幕"编辑面板，将"项目"面板中的"字幕01"素材拖动到"时间轴"面板中的"视频3"轨道，使其与"01.mp4"素材对齐，如图7-26所示。

（9）完成上述操作后，"节目"面板中的画面效果如图7-27所示。

图7-26

图7-27

7.3 调整字幕及图形的外观

在字幕工作区输入文字后，可在位于"字幕"编辑面板右侧的"字幕属性"子面板中设置文字或图形的具体参数，如图7-28所示。

图7-28

7.3.1 变换

在"变换"选项组中，用户可以设置对象的位置、高度、宽度、旋转角度以及透明度等参数。图7-29所示为"变换"选项组以及调整效果。

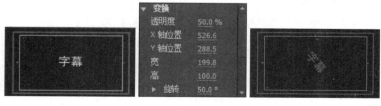

图 7-29

参数介绍如下。

➤ **透明度**：选择对象后，针对透明度进行调整。

➤ **X轴位置**：选择对象后，设置对象在x轴上的位置。

➤ **Y轴位置**：选择对象后，设置对象在y轴上的位置。

➤ **宽**：设置所选对象的水平宽度。

➤ **高**：设置所选对象的垂直高度。

➤ **旋转**：设置所选对象的旋转角度。

7.3.2 属性

在"属性"选项组中，用户可以设置对象的一些基本参数，比如文字的大小、字体、字距、行距、字形等。图7-30所示为"属性"选项组及调整效果。

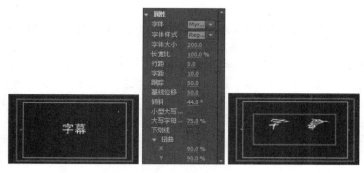

图 7-30

参数介绍如下。

➤ **字体**：设置文字的字体。

➤ **字体样式**：设置文字的字体样式。

➤ **字体大小**：设置文字的大小。

➤ **长宽比**：设置文字的长度和宽度的比例。

➤ **行距**：设置文字的行距。

➤ **字距**：设置文字的字距。

➤ **跟踪**：在"字距"设置的基础上进一步设置文字的字距。

- ➤ 基线位移：调整文字的基线位置。
- ➤ 倾斜：调整文字的倾斜角度。
- ➤ 小型大写字母：针对小写的英文字母进行调整。
- ➤ 大写字母尺寸：针对字母大小进行调整。
- ➤ 下画线：为选择的文字添加下画线。
- ➤ 扭曲：将文字进行x轴或y轴方向的扭曲变形。

7.3.3 填充

在"填充"选项组中，用户可以设置文字或者图形对象的颜色和材质。图7-31所示为"填充"选项组及调整效果。

图7-31

参数介绍如下。

- ➤ 填充类型：可以设置颜色在文字或图形中的填充类型，包括"实色""线性渐变""放射渐变"等7种类型，如图7-32所示。

  实色：可以为文字或图形对象填充单一的颜色。

  线性渐变：两种颜色以垂直或水平方向进行混合性渐变，并可在"填充"选项组中调整渐变颜色的透明度和角度。

  放射渐变：两种颜色由中心向四周发生混合渐变。

  四色渐变：为文字或图形填充4种颜色混合的渐变，并针对单独的颜色进行"透明度"设置。

  斜面：选择文字或图形对象，调节参数，可为对象添加阴影效果。

  消除：选择"消除"选项后，可删除文字中的填充内容。

  残像：去除文字的填充，与"消除"选项相似。

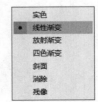

图7-32

- ➤ 光泽：勾选该复选框后，可以为工作区中的文字或图形添加光泽效果。

  颜色：设置添加光泽的颜色。

  透明度：设置添加光泽的透明度。

  大小：设置添加光泽的高度。

  角度：对光泽的角度进行设置。

  偏移：设置光泽在文字或图形上的位置。

> 材质：为文字添加材质效果。单击"材质"右侧的按钮，即可在弹出的"选择材质图像"对话框中选择一张图片作为材质元素进行填充。
>
> 对象翻转：勾选该复选框后，填充的材质会随着文字的翻转而翻转。
>
> 对象旋转：与"对象翻转"的用法相似。
>
> 缩放：选择文字后，在"缩放"中调整参数，即可对材质的大小进行调整。
>
> 对齐：用于调整材质的位置。
>
> 混合：可进行"填充键"混合和"材质键"混合。

7.3.4　描边

用户在"描边"选项组中可以设置文字或者图形对象的边缘，使边缘与文字或者图形主体呈现不同的颜色。图7-33所示为"描边"选项组及调整效果。

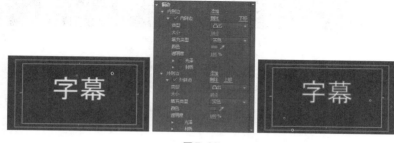

图7-33

参数介绍如下。

> 内侧边：为文字内侧添加描边效果。
>
> 类型：包括"深度""凸出""凹进"这3种类型。
>
> 大小：用于设置描边宽度。
>
> 外侧边：为文字外侧添加描边效果，与"内侧边"用法相似。

7.3.5　阴影

在"阴影"选项组中可以设置文字或者图形对象的各种阴影属性。图7-34所示为"阴影"选项组及调整效果。

图7-34

参数介绍如下。

> 颜色：设置阴影的颜色。
>
> 透明度：设置阴影的透明度。

- ➤ 角度：设置阴影的角度。
- ➤ 距离：设置阴影与文字或图形之间的距离。
- ➤ 大小：设置阴影的大小。
- ➤ 扩展：设置阴影的模糊程度。

7.3.6　背景

在"背景"选项组中，用户可以设置字幕的背景颜色以及背景颜色的各种属性。图7-35所示为"背景"选项组及调整效果。

图7-35

参数介绍如下。

- ➤ 填充类型：可供选择的类型与"填充"选项组中的类型相同。
- ➤ 颜色：设置背景的填充颜色。
- ➤ 透明度：设置背景填充颜色的透明度。

7.3.7　使用字幕样式

1. 载入并应用字幕样式

在Premiere Pro CS6中，使用"字幕样式"子面板可以制作出令人满意的字幕效果，如果要为一个对象应用预设的风格效果，只需选择该对象，然后在"字幕样式"子面板中单击要应用的风格效果即可，如图7-36所示。

2. 保存字幕样式

用户在字幕工作区输入文字，并按照需求修改文字属性与样式后，可以保存该字幕样式，方便下次新建字幕时应用。右击"字幕样式"子面板的空白处，在弹出的快捷菜单中选择"新建样式"命令，如图7-37所示，在弹出的"新建样式"对话框中输入自定义的样式名称，单击"确定"按钮即可保存该字幕样式，如图7-38所示。

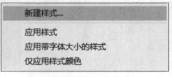

图7-36　　　　　　　　　　图7-37　　　　　　　　　　图7-38

7.3.8　课堂案例——为字幕添加修饰效果

本案例将讲解如何通过设置字幕的描边参数为其添加修饰效果。

（1）启动Premiere Pro CS6，按"Ctrl+O"组合键打开路径文件夹中的"添加修饰效果.prproj"项目文件。进入工作界面后，可以看到"时间轴"面板已经添加了图像素材以及字幕素材，如图7-39所示。"节目"面板中的画面效果如图7-40所示。

（2）双击"字幕01"素材，进入"字幕"编辑面板，向下拖动"字幕属性"子面板的滚动条，单击"内侧边"右边的"添加"按钮，展开"内侧边"，如图7-41所示。

图7-39

图7-40

图7-41

（3）展开"类型"下拉列表，选择"深度"选项，如图7-42所示。此时画面效果如图7-43所示。

（4）单击"外侧边"右边的"添加"按钮，展开"外侧边"，然后展开"填充类型"下拉列表，选择"线性渐变"选项，如图7-44所示。

图7-42

图7-43

图7-44

（5）双击"颜色"右边的第一个滑块，如图7-45所示。弹出"颜色拾取"对话框，将颜色设置为金色，如图7-46所示。

（6）单击"角度"右边的数值，将"角度"设为"90°"，然后勾选"光泽"复选框，如图7-47所示。

（7）完成上述操作后，退出"字幕"编辑面板，此时"节目"面板中的画面效果如图7-48所示。

图7-45

图7-46

图 7-47 　　　　　　　　　　　　　　　　　图 7-48

7.4

创建图形元素

在Premiere Pro CS6中，用户可以在"字幕"编辑面板的字幕工具栏中选择绘图工具来绘制图形元素，从而制作出更具创意、更美观的字幕效果。

7.4.1　绘制基本图形

绘制基本图形的操作非常简单。用户在"字幕"编辑面板的字幕工具栏中选择一个绘图工具（这里以"矩形工具"■为例），将鼠标指针移至字幕工作区中合适的位置，拖动鼠标即可绘制矩形，如图7-49所示。

⚠ 提示

在绘制图形时，用户可以根据需要结合使用"Shift"键，从而快捷地绘制出需要的图形。例如，选择"矩形工具"■，按住"Shift"键可以绘制正方形；选择"椭圆工具"●，按住"Shift"键可以绘制圆形。

用户要想将绘制的矩形变为另一种形状，则选择绘制好的形状，然后在"字幕属性"子面板中展开"属性"选项组，再展开"图形类型"下拉列表，从中选择一个所需的图形（如圆角矩形），如图7-50所示。完成操作后，原本绘制的矩形将变为所选的圆角矩形，如图7-51所示。

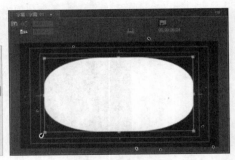

图 7-49 　　　　　　　　图 7-50 　　　　　　　　　　图 7-51

7.4.2 创建不规则图形

Premiere Pro CS6为用户提供了"钢笔工具" ◊，该工具是一种用于绘制曲线的工具。使用该工具可以创建带有任意弧度和拐角的多边形，这些多边形通过锚点和直线构建而成，如图7-52所示。

使用"选择工具" ▶ 可以移动锚点，使用"添加定位点工具" ◊ 和"删除定位点工具" ◊ 可以添加和删除锚点，合理运用这些工具可以有效地创建不规则多边形。

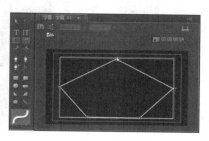

图 7-52

7.4.3 课堂案例——绘制圆角图形

本案例将演示绘制圆角图形的操作方法。

（1）启动Premiere Pro CS6，按"Ctrl+O"组合键打开路径文件夹中的"圆角.prproj"项目文件，进入工作界面后，可以看到"时间轴"面板中已经添加的彩色蒙版，如图7-53所示。

（2）右击"项目"面板空白处，选择"新建分项"|"字幕"命令，弹出"新建字幕"对话框，保持默认设置，如图7-54所示，然后单击"确定"按钮进入"字幕"编辑面板。

图 7-53

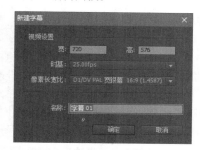

图 7-54

（3）选择"钢笔工具" ◊，创建3个相互连接的尖角朝下的小角，如图7-55所示，可以拖动锚点使它们分布均匀。

（4）选择"转换定位点工具" ▶，拖动锚点即可将尖角转换为圆角，如图7-56所示。

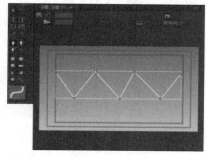

图 7-55

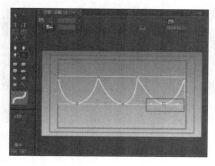

图 7-56

（5）退出"字幕"编辑面板，"字幕01"自动添加至"项目"面板，将其拖动到"时间轴"面板中的"视频2"轨道，使其与"彩色蒙版"素材对齐，如图7-57所示。

（6）至此，圆角图形制作完成，可以在"节目"面板中预览画面效果，如图7-58所示。

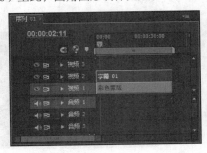

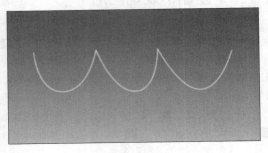

图7-57　　　　　　　　　　　　　　　　　　图7-58

课后实训——制作古风诗词字幕

本实训将展示通过Premiere Pro CS6制作一段含有古风诗词字幕的短片。

1. 新建项目、编辑素材

下面将新建项目和序列，导入事先准备好的素材，并为其添加标记。

（1）启动Premiere Pro CS6，在欢迎对话框中单击"新建项目"按钮，弹出"新建项目"对话框，设置"位置"，选择保存文件的路径，在"名称"文本框中输入"古风诗词字幕"，如图7-59所示。

（2）单击"确定"按钮，弹出"新建序列"对话框，在左侧的列表中展开"DV-PAL"选项，选择"宽银幕48kHz"，如图7-60所示，单击"确定"按钮，完成序列的创建。

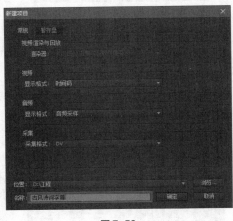

图7-59　　　　　　　　　　　　　　　　　　图7-60

（3）打开素材所在文件夹，选择需要导入的素材，将其拖动到"项目"面板，如图7-61所示。

（4）双击"01.mp4"素材，打开"源"面板，根据背景音频的诗词内容在每一句的开始与结尾处按"M"键添加标记，如图7-62所示。然后将"01.mp4"素材拖动到"时间轴"面板，可以看到"时间轴"面板中的"01.mp4"素材也自动添加上了标记，如图7-63所示。

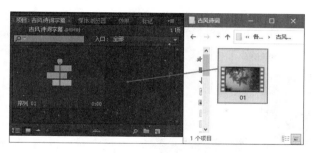

图 7-61

图 7-62

图 7-63

2. 添加字幕

下面将为视频添加字幕，帮助视频更完整地展现内容信息，美化画面。

（1）右击"项目"面板的空白处，选择"新建分项"|"字幕"命令，如图7-64所示。弹出"新建字幕"对话框，保持默认参数不变，单击"确定"按钮，如图7-65所示，进入"字幕"编辑面板。

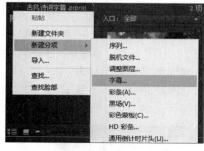

图 7-64

图 7-65

扫码看微课

（2）选择"垂直文字工具" ，单击字幕工作区左侧图7-66所示的位置，在文本框中输入"秋词"。

（3）展开"字体"下拉列表，选择"方正吕建德字体"，如图7-67所示。

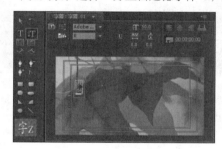

图 7-66

图 7-67

（4）将文字大小设为"60.0"，并单击"垂直居中"按钮，如图7-68所示。

（5）单击"字幕属性"子面板中"外侧边"右侧的"添加"按钮，如图7-69所示。可以看到字幕已添加默认的黑边，如图7-70所示。

图7-68　　　　　　　　　　图7-69　　　　　　　　　　图7-70

（6）右击"字幕样式"子面板的空白处，选择"新建样式"命令，如图7-71所示。在弹出的"新建样式"对话框内单击"确定"按钮，如图7-72所示。

图7-71　　　　　　　　　　　　　　　图7-72

（7）关闭"字幕"编辑面板，"字幕01"素材将自动添加至"项目"面板，将该素材拖动到"时间轴"面板中的"视频2"轨道，使其首尾两端分别与第1个和第4个标记对齐，如图7-73所示。

（8）参考上述步骤，创建第2个字幕素材，在文本框中输入"作者 刘禹锡"，使其位于图7-74所示的位置，并将文字大小设为"50.0"，单击"垂直居中"按钮。

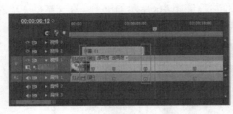

图7-73　　　　　　　　　　　　图7-74

（9）向下拖动"字幕样式"子面板的滚动条，单击步骤（6）创建的字幕样式，如图7-75所示。此时字幕效果如图7-76所示。

（10）参考以上步骤，创建剩余4句诗词的字幕，如图7-77所示。将文字大小设为"50.0"。

图 7-75

图 7-76

图 7-77

（11）将"字幕02"至"字幕06"拖动到"时间轴"面板，使这些字幕素材对齐图7-78所示的相应标记。

（12）单击"项目"面板中的"字幕01"素材，按"Ctrl+C"组合键复制，然后按"Ctrl+V"组合键粘贴，如图7-79所示。

（13）双击复制的"字幕01"素材，进入"字幕"编辑面板。展开"填充类型"下拉列表，选择"实色"选项，如图7-80所示。

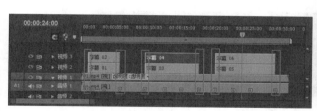
图 7-78

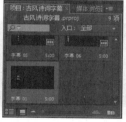
图 7-79

图 7-80

（14）单击"颜色"右边的色块，弹出"颜色拾取"对话框，将颜色设为金色，然后单击"确定"按钮，如图7-81所示。

（15）单击"内侧边"右侧的"添加"按钮，然后展开"类型"下拉列表，选择"凸出"选项，如图7-82所示。

图 7-81

图 7-82

（16）展开"填充类型"下拉列表，选择"线性渐变"选项，如图7-83所示。然后双击"颜色"右边的第一个滑块，如图7-84所示。

图 7-83　　　　　　　　　　　图 7-84

（17）弹出"颜色拾取"对话框，将颜色设为黄色，如图7-85所示。参考此步骤，将第二个滑块设为红色，如图7-86所示。

（18）参考上述步骤，保存该字幕样式，并且复制"字幕02"至"字幕06"素材，将该字幕样式应用到复制后的所有素材，如图7-87所示。

（19）将复制并调整后的"字幕01"至"字幕06"素材以图7-88所示的排列方式拖动到"时间轴"面板。

图 7-85　　　　　　　　　　　图 7-86

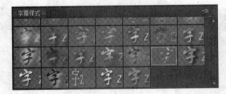

图 7-87

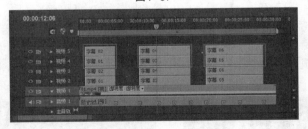

图 7-88

3. 制作字幕效果

下面将结合"裁剪"效果和关键帧为字幕制作卡拉OK效果。

（1）打开"效果"面板，在搜索框中输入"裁剪"，把搜索到的效果拖动到"视频4"轨道中的"字幕01"素材，如图7-89所示，

（2）将"时间轴"面板中的时间线移动到第一个标记的位置，如图7-90所示。然后打开"特效控制台"面板，单击"顶部"左侧的"切换动画"按钮 创建关键帧，如图7-91所示。

扫码看微课

图7-89

（3）单击"裁剪"左侧的"控制框"按钮 ，如图7-92所示，激活"节目"面板的控制框。然后将顶部的框线向下拖动到图7-93所示的诗词上方的位置。

（4）将时间线移动至第二个标记的位置，然后将顶部的框线向下拖动到图7-94所示的诗词下方位置。

图 7-90

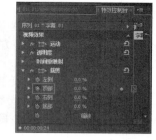

图 7-91

图 7-92

图 7-93

图 7-94

（5）参考上述步骤，根据标记为"视频4"与"视频5"轨道中的其他字幕素材添加"裁剪"效果并在每句诗词的前后添加关键帧。完成所有操作后，古风诗词字幕制作完成，效果如图7-95所示。

图 7-95

素养课堂

中国网络视听节目服务协会在 2019 年发布的《网络短视频平台管理规范》中强调，网络短视频平台实行节目内容先审后播制度。平台上播出的所有短视频均应经内容审核后方可播出，包括节目的标题、简介、弹幕、评论等内容。因此，字幕中不能出现一些违规词、敏感词、不文明用语等，以保证作品的正确导向性。

思考与练习

一、选择题

（1）（　　）不能在字幕中使用绘图工具直接画出。

    A. 矩形　　　　　　B. 圆形　　　　　　C. 三角形　　　　　D. 星形

（2）使用"矩形工具" 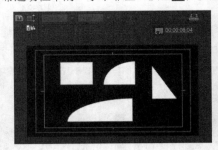 时，按住（　　）键可以绘制正方形。

    A. Shift　　　　　　B. Ctrl　　　　　　C. Alt　　　　　　D. "Tab"

（3）下列操作中不能新建字幕的是（　　）。

    A. 选择"文件"|"新建"|"字幕"命令

    B. 选择"工具"面板的"钢笔工具"

    C. 选择"字幕"|"新建字幕"命令

    D. 单击"项目"面板下方的"新建分项"按钮

二、填空题

（1）填充类型中可以设置渐变参数的选项包括线性渐变、_____和四色渐变。

（2）"描边"可以设置文本或者图形对象的边缘，分为内侧边和_____。

（3）使用"_____工具"，拖动锚点即可将尖角转换为圆角。

三、判断题

（1）在"变换"选项组中，可以设置对象的字体、位置、高度、宽度、旋转角度以及透明度等参数。（　　）

（2）单击"粗体"按钮，可以将当前选中的文字加粗。（　　）

（3）"背景"选项组中的填充类型与"填充"选项组中的填充类型不同。（　　）

四、实操题

1. 课堂练习

【练习知识要点】双击字幕素材，进入"字幕"编辑面板，选择"选择工具"，框选所有图形，然后单击字幕运动栏中的"水平靠左"按钮，使这些图形左对齐，效果如图7-96所示。

图7-96

2. 课后习题

【习题知识要点】为字幕添加阴影。在"字幕"编辑面板右侧的"字幕属性"子面板中，勾选"阴影"复选框，将阴影颜色设为深蓝色，"透明度"设为"100.0%"，"角度"设为"90°"，效果如图7-97所示。

图7-97

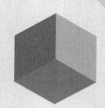

第 8 章

音频处理

一部完整的影视作品一般都包括图像和声音这两大部分，声音在影视作品中往往能起到解释、烘托和渲染气氛、增强视频的表现力等作用。本章将为读者讲解Premiere Pro CS6中音频技术的应用。

📖 课堂学习目标

➤ 了解音频技术知识。

➤ 了解声音组合形式及其作用。

➤ 掌握调节音频的方法。

➤ 掌握音频特效的应用。

关于音频效果

Premiere Pro CS6的音频功能十分强大，它不仅可以编辑音频素材，添加音效、单声道混音，制作立体声和5.1环绕声，还可以使用"时间轴"面板对音频进行合成。

8.1.1 认识音频轨道

在Premiere Pro CS6的"时间轴"面板中有两种类型的轨道，分别是视频轨道和音频轨道。音频轨道位于视频轨道的下方，如图8-1所示。

把视频素材从"项目"面板拖入"时间轴"面板后，Premiere Pro CS6会自动将剪辑中的音频放到相应的音频轨道上，如果把视频素材放在"视频2"轨道上，则相应的音频会被自动放置在"音频2"轨道上，如图8-2所示。

图8-1   图8-2

使用"剃刀工具"分割视频素材，则相应的音频也会同时被分割，如图8-3所示。若想单独分割视频素材中的音频，则可以选择视频素材，右击鼠标，在弹出的快捷菜单中选择"解除视音频链接"命令。操作完成后，视音频将断开连接，此时使用"剃刀工具"可对音频素材进行单独分割操作，如图8-4所示。

图8-3   图8-4

🔔 提示

在编辑音频时，一般情况下以波形来显示声音，这样可以更直观地观察声音变化状况。单击音频轨道左侧的"设置显示样式"按钮![]，在弹出的菜单中选择"显示波形"，即可显示音频波形，如图8-5所示。

图8-5

8.1.2 音频效果的处理方式

在Premiere Pro CS6中对音频素材进行处理主要有以下3种方式。

1. 在"时间轴"面板中进行处理

在"时间轴"面板的音频轨道上通过修改关键帧的方式对音频素材进行编辑，如图8-6所示。

2. 使用菜单命令进行处理

选择"素材"|"音频选项"子菜单中的命令来编辑所选的音频素材，如图8-7所示。

3. 添加音频特效进行处理

打开"效果"面板，为音频素材添加音频特效来改变音频素材效果，如图8-8所示。

图 8-6

图 8-7   图 8-8

🔔 **提示**

选择"编辑"|"首选项"|"音频"命令，弹出"首选项"对话框，在其中可以对音频素材的属性进行初始设置，如图8-9所示。

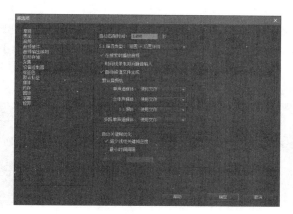

图 8-9

8.1.3　音频处理提示

在Premiere Pro CS6中处理音频需要依照一定的顺序，比如按次序添加音频特效，Premiere Pro会最先处理序列中所应用的音频特效，等这些音频特效处理完成后，再对素材的音频增益进行调整。一般来说，用户可以按照以下两种方法对素材的音频增益进行调整。

1. 使用菜单命令

在"时间轴"面板中选择素材，选择"素材"|"音频选项"|"音频增益"命令，然后在弹出的"音频增益"对话框中调整增益数值，如图8-10所示。

2. 通过快捷菜单

右击"时间轴"面板中的音频素材，在弹出的快捷菜单中选择"音频增益"命令，如图8-11所示，然后在弹出的"音频增益"对话框中调整增益数值，如图8-12所示。

图 8-10 　　　　　　　　　　图 8-11 　　　　　　　　　　图 8-12

> 🔔 **提示**
>
> "设置增益为"参数的取值范围为-96dB～96dB。

8.1.4　课堂案例——使用菜单命令处理音频

下面将演示使用菜单命令处理音频的方法。

（1）启动Premiere Pro CS6，按"Ctrl+O"组合键打开路径文件夹中的"使用菜单命令处理音频.prproj"项目文件。进入工作界面后，用户可以看到"时间轴"面板已经添加的音频素材，如图8-13所示。

（2）选择音频素材，选择"素材"|"音频选项"|"音频增益"命令，弹出"音频增益"对话框，选择"设置增益为"，单击右侧的数值，输入"10"，如图8-14所示，设置增益为"10dB"。

（3）以相同的方式调整其他参数，如图8-15所示，然后单击"确定"按钮。

扫码看微课

图 8-13 　　　　　　　　　　图 8-14 　　　　　　　　　　图 8-15

（4）完成上述操作后，按"空格"键可试听音频。

8.2

音频的基本调节

本节将讲解音频的一些基本调节操作，具体内容包括调整音频的播放速度、调整音频的音量、制作录音、添加与设置子轨道。

8.2.1 调整音频的播放速度

音频的持续时间就是指音频的入点和出点之间的素材持续时间，因此可以通过改变音频的入点或者出点来调整音频的持续时间。在"时间轴"面板中，用户使用"速率伸缩工具" [图标] 直接拖动音频的边缘来改变音频轨道上音频素材的长度，如图8-16所示。

此外，用户还可以右击"时间轴"面板中的音频素材，在弹出的快捷菜单中选择"速度/持续时间"命令，在弹出的"素材速度/持续时间"对话框中调整音频的持续时间，如图8-17所示。

图8-16

图8-17

🔔 提示

在"素材速度/持续时间"对话框中，用户还可通过调整音频素材的"速度"参数来改变音频的持续时间，改变音频的播放速度后会影响音频的播放效果，音调会因速度的变化而改变。同时播放速度变化了，播放时间也会随着改变，需要注意的是，这种改变与单纯改变音频素材的入点、出点来改变持续时间是不同的。

8.2.2 调整音频的音量

在对音频素材进行编辑时，经常会遇到音频素材固有音量过大或者过小的情况，用户此时就需要对素材的音量进行调节，以满足项目制作需求。调节音频素材音量的方法有多种，下面简单介绍两种。

1. 通过"调音台"面板来调节音量

用户在"时间轴"面板中选择音频素材，然后在"调音台"面板中拖动相应音频轨道的音量调节滑块，如图8-18所示。用户向上拖动音量调节滑块为增大音量，向下拖动音量调节滑块为减小音量。

🔔 **提示**

　　每个音频轨道都有一个对应的音量调节滑块，滑块下方的数值为当前音量，用户也可以通过单击数值，在文本框中手动输入数值来改变音量。

2. 在"特效控制台"面板中调节音量

　　在"时间轴"面板中选择音频素材，在"特效控制台"面板中展开"音量"效果，然后通过设置"级别"参数来调节所选音频素材的音量，如图8-19所示。

　　在"特效控制台"面板中，用户可以为所选择的音频素材参数设置关键帧，制作音频关键帧动画。单击某个音频参数左侧的"切换动画"按钮🔘，如图8-20所示，然后将播放指示器移动到下一时间点，调整音频参数值，Premiere Pro CS6会自动在该时间点添加一个关键帧，如图8-21所示。

图8-18　　　　　　　　　　　　　　图8-19

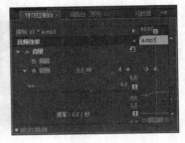

图8-20　　　　　　　　　　　　　　图8-21

8.2.3 认识"调音台"面板

　　"调音台"面板由若干个轨道音频控制器、主音频控制器和播放控制器组成。每个控制器由单独的控制按钮和调节滑块来进行调整。

1. 轨道音频控制器

　　"调音台"面板中的轨道音频控制器用于调节与其相对应的轨道上的音频素材，控制器1对应"时间轴"面板中的"音频1"轨道，控制器2对应"时间轴"面板中的"音频2"轨道，以此类推，如图8-22所示。轨道音频控制器的数量是由"时间轴"面板中的音频轨道数所决定的，每当用户在"时间轴"面板中添加一条音频轨道时，"调音台"面板中就会自动添加一个轨道音频控制器。

　　轨道音频控制器由控制按钮、声道调节滑轮及音量调节滑块组成。

　　① 控制按钮。

　　轨道音频控制器的控制按钮可以控制音频调节时的调节状态，如图8-23所示。

　　控制按钮说明如下。

➢ **静音轨道**Ⓜ：主要用于设置轨道音频是否为静音状态，单击该按钮，相应的轨道音频会被设置为静音状态。

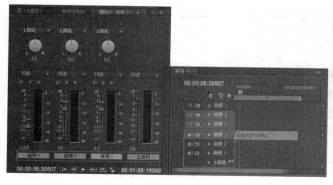

图 8-22

图 8-23

> **独奏轨道** ⓢ：单击该按钮，其他未激活"独奏轨道"按钮相应的轨道音频会被自动设置为静音状态。

> **激活录制轨道** ⓡ：单击该按钮，可以利用输入设备将声音录制到目标轨道上。

② 声道调节滑轮。

如果对象为双声道音频，用户可以使用声道调节滑轮来调节播放声道。向左拖动声道调节滑轮，输出到左声道（L）的声音增大；向右拖动声道调节滑轮，输出到右声道（R）的声音增大。声道调节滑轮如图8-24所示。

③ 音量调节滑块。

通过音量调节滑块可以控制当前轨道上音频素材的音量。向上拖动音量调节滑块可以增大音量，向下拖动音量调节滑块可以减小音量。下方数值是当前音量，用户可以直接在文本框中输入音量数值。播放音频时，面板左侧为音量表，显示了音频播放时的音量大小。音量调节滑块如图8-25所示。

图 8-24

图 8-25

2. 主音频控制器

使用主音频控制器可以调节"时间轴"面板中所有轨道上的音频素材，主音频控制器的使用方法与轨道音频控制器相同。

3. 播放控制器

播放控制器用于播放音频，除了"录制"按钮，其他按钮的使用方法与"源"面板和"节目"面板中的播放控制栏中的按钮相同，如图8-26所示。

参数说明如下。

> **录制**：当利用输入设备将声音录制到目标轨道上时，该按钮可以控制暂停或开始录制动作。

图 8-26

8.2.4 设置"调音台"面板

单击"调音台"面板右上方的 ▣ 按钮，在弹出的菜单中进行相关设置，如图8-27所示。

图 8-27

菜单命令说明如下。

➤ **显示/隐藏轨道**：该命令可以对"调音台"面板中的轨道进行隐藏或者显示设置。选择该命令，弹出的图8-28所示的对话框中会显示左侧带有复选框的轨道。

➤ **显示音频时间单位**：该命令可以在时间标尺上显示音频单位，如图8-29所示。

➤ **循环**：该命令在被勾选的情况下，系统会循环播放音频。

图 8-28   图 8-29

8.2.5 课堂案例——使用"调音台"面板调节音频

本案例将演示使用"调音台"面板调节音频的操作方法。

（1）启动Premiere Pro CS6，按"Ctrl+O"组合键，打开路径文件夹中的"调音台.prproj"项目文件。进入工作界面后，用户可以看到"时间轴"面板中已经添加两段音频素材，如图8-30所示。

（2）分别预览两段音频素材，会发现第一段音频素材的音量过小，而第二段音频素材的音量过大。

（3）打开"调音台"面板，然后在"时间轴"面板中将时间线移动至"a1.mp3"素材范围内，此时在"调音台"面板中，用户可以看到该段音频素材对应的音量调节滑块位于-11.8dB对应的位置，如图8-31所示。

图 8-30

图 8-31

扫码看微课

（4）将音量调节滑块向上拖动至6dB对应的位置，以增大"a1.mp3"素材的音量，如图8-32所示。

（5）在"时间轴"面板中将时间线移动至"a2.mp3"素材范围内，此时在"调音台"面板中，用户可以看到该段音频素材对应的音量调节滑块位于0dB对应的位置，如图8-33所示。

（6）将轨道音频控制器下方的数值修改为"-20"，以减小"a2.mp3"素材的音量，如图8-34所示。

图8-32

图8-33

图8-34

（7）完成上述操作后，用户可在"节目"面板中试听音频效果。

8.3 音频特效介绍

Premiere Pro CS6提供了20多种音频特效，通过这些音频特效，用户可以去除音频中的噪声，并制作回声、和声等各种特殊声音效果。

8.3.1 选频

该特效的作用是删除超出指定范围或波段的声音。应用该特效后，"特效控制台"面板如图8-35所示。

图8-35

- ➤ 旁路：勾选该复选框可以使高频部分的声音被过滤掉，不勾选该复选框则使低频部分的声音被过滤掉。
- ➤ 中置：指定波段中心的频率。
- ➤ Q：指定要保留的波段和宽度，小值产生宽的频段，大值产生窄的频段。

8.3.2 多功能延迟

该特效可以向素材中的原始音频添加回声最多4次。应用该特效后，"特效控制台"面板如图8-36所示。

图 8-36

特效参数说明如下。

➤ "延迟1" ~ "延迟4"：设置原始声音的延长时间，最大值为2s。
➤ "反馈1" ~ "反馈4"：设置有多少延时声音被反馈到原始声音中。
➤ "级别1" ~ "级别4"：控制每一个回声的音量。
➤ "混合"：控制延迟和非延迟回声的比例。

8.3.3 DeNoiser

该特效可自动探测录像带的噪声并消除它。用户使用该特效可以消除模拟录制（如磁带录制）的噪声。应用该特效后，"自定义设置"及"特效控制台"面板如图8-37所示。

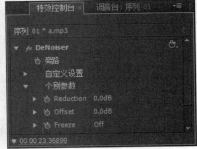

图 8-37

➤ Noisefloor（噪声范围）：指定素材播放时的噪声基线（以dB为单位）。
➤ Reduction（减小量）：指定消除在-20dB~0dB范围内的噪声。
➤ Offset（偏移）：设置自动消除噪声和用户指定基线的偏移量，取值范围为-10dB~+10dB，当自动降噪不充分时，偏移允许附加的控制。
➤ Freeze（冻结）：将噪声基线停止在当前值，以此确定素材消除的噪声。

8.3.4 Dynamics

该特效提供一套可以组合或独立调节音频的控制器，既可以使用"自定义设置"的图形控制器，也可以单独调整参数。应用该特效后，"自定义设置"及"特效控制台"面板如图8-38所示。

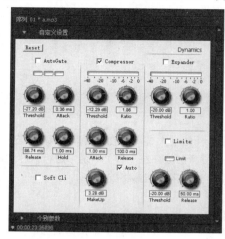

图8-38

- ➤ AutoGate：当电平低于指定的极限时切断信号，用户使用这个控制器可以删除不需要的录制背景信号，如画外音中的背景信号。用户可以将开关设置成随话筒停止而关闭，这样就删除了所有其他的声音。
- ➤ Compressor：用于通过提高小声的电平和降低大声的电平平衡动态范围，以产生一个在素材整个时间内调和的电平。
- ➤ Expander：根据设置的比率消除所有低于极限值的值的信号。效果与开关控制相似，但更敏感。
- ➤ Limite：还原包含信号峰值的音频素材中的裁剪。例如，如果比率为5:1，而一个电平减小量为1dB，会放大成5dB，结果就是导致信号更快速地减小。

8.3.5 Reverb

该特效可以模拟室内播放音频的声音，渲染素材气氛。应用该特效后，"自定义设置"及"特效控制台"面板如图8-39所示。

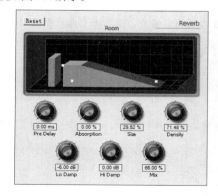

图8-39

特效参数说明如下。

➤ Pre Delay：预延迟，指定信号与回声之间的时间。

➤ Absorption：指定声音被吸收的百分比。

➤ Size：指定空间大小的百分比。

➤ Density：指定回声"拖尾"的密度。

➤ Lo Damp：指定高频衰减，小值可以使回声柔和。

➤ Mix：控制回声的力量。

8.3.6 调整声道

平衡：该特效允许控制左、右声道的相对音量，正值增大右声道的音量，负值增大左声道的音量。

使用左声道/使用右声道：这两个特效主要是使声音回放在左（右）声道中进行，即使用左（右）声道的声音来代替右（左）声道的声音，而右（左）声道原来的信息将被删除。

互换声道：该特效可以互换左右声道。

反相：该特效用于将所有声道的状态进行反转。

声道音量：该特效允许单独控制素材、轨道立体声或5.1环绕中每一个声道的音量，每一个声道的音量以dB为单位。

8.3.7 去除指定频率

该特效可以删除接近指定中心的声音。应用该特效后，"特效控制台"面板如图8-40所示。

图8-40

特效参数说明如下。

➤ 中置：指定要删除的频率。用户如果要消除电力线的嗡嗡声，输入一个与录制素材地点的电力系统使用的电力线频率匹配的值即可。

8.3.8 参数均衡

该特效可以增大或减小与指定中心频率相近的声音。应用该特效后，"特效控制台"面板如图8-41所示。

特效参数说明如下。

➤ 中置：指定特定范围的中心频率。

图8-41

> Q：指定受影响的频率范围。小值产生宽的波段，而大值产生窄的波段，以dB为单位。如果使用"放大"参数，则用来指定带宽。

> 放大：指定增大或减小频率范围的量，取值范围为-24dB～+24dB。

8.3.9　延迟

该特效可以增加音频素材的回声。应用该特效后，"特效控制台"面板如图8-42所示。

图8-42

特效参数说明如下。

> 延迟：指定回声播放延迟的时间，最大值为2s。

> 反馈：指定延迟信号反馈叠加的百分比。

> 混合：控制回声的混合度。

8.3.10　其他特效

1. 音量

该特效可以提高音频电平而不被修剪，只有当信号超过硬件允许的动态范围时才会进行修剪，这时往往会导致音频失真。

2. 高通/低通

"高通"特效用于删除低于指定频率界限的声音，而"低通"特效则用于删除高于指定频率界限的声音。

3. 高音/低音

该特效允许增大或减小音频音（4000Hz或更高）。

4. 多功能延迟

一般来说，延迟效果可以使音频产生回声效果，而"多功能延迟"效果则可以产生4层回声，并能通过调节参数，控制每层回声的延迟时间与程度。

5. 消除齿音

"消除齿音"效果可以用于对人物语音音频进行清晰化处理，可消除人物对着麦克风说话时产生的齿音。添加该效果后，在效果参数设置中，用户可以根据语音的类型和具体情况选择相应的预设处理方式，对指定的频率范围进行限制，以便高效地完成音频内容的优化处理。

8.3.11 课堂案例——制作回声效果

本案例将演示制作回声效果的操作方法，制作完成后，用户可在"节目"面板中试听音频效果。

（1）启动Premiere Pro CS6，按"Ctrl+O"组合键打开路径文件夹中的"回声.prproj"项目文件。进入工作界面后，用户可在"时间轴"面板中看到已经添加的音频素材，如图8-43所示。

（2）在"效果"面板中展开"音频效果"卷展栏，选择"延迟"效果，将其拖动到"时间轴"面板的音频素材中，如图8-44所示。

（3）选择音频素材，打开"特效控制台"面板，将"延迟"设为"1.000秒"，"反馈"设为"10.0%"，"混合"设为"50.0%"，如图8-45所示。

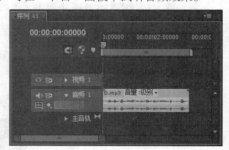

图8-43

图8-44

图8-45

（4）完成上述操作后，可在"节目"面板中试听音频效果。

8.4

音频过渡效果

音频过渡效果，即通过在音频素材的首尾添加效果，使音频产生淡入淡出效果；通过在两个相邻的音频素材之间添加效果，使音频之间的衔接变得柔和、自然。

8.4.1 交叉渐隐效果

在"效果"面板中展开"音频过渡"卷展栏，在其中的"交叉渐隐"卷展栏中提供了"恒量增益""持续声量""指数型淡入淡出"3种音频过渡效果，如图8-46所示。

音频过渡效果的应用方法与添加视频特效的方法相似，先将效果拖动到音频素材的首尾或两个音频素材之间，如图8-47所示。然后在"时间轴"面板中选择音频过渡效果，在"特效控制台"面板中调整其持续时间、对齐等参数，如图8-48所示。

图 8-46

图 8-47

图 8-48

8.4.2 课堂案例——为音频制作淡入淡出效果

本案例将演示为音频制作淡入淡出效果的操作方法，使音频的进出场都更加自然。

（1）启动Premiere Pro CS6，按"Ctrl+O"组合键打开路径文件夹中的"淡入淡出.prproj"项目文件。进入工作界面后，用户可在"时间轴"面板中看到已经添加的音频素材，如图8-49所示。

（2）在"效果"面板中展开"音频过渡"卷展栏，选择"交叉渐隐"卷展栏中的"恒量增益"效果，将其拖动到"c.mp3"素材的开始位置，如图8-50所示。

图 8-49

图 8-50

（3）在"时间轴"面板中单击"恒量增益"效果，进入"特效控制台"面板，在其中设置"持续时间"为"00:00:02:00"，如图8-51所示。

（4）将"恒量增益"效果添加至"c.mp3"素材的结束位置，单击添加的效果，进入"特效控制台"面板，在其中设置"持续时间"为"00:00:01:00"，如图8-52所示。

图 8-51

图 8-52

（5）完成上述操作后，用户可在"节目"面板中试听音频最终效果。

课后实训——制作3D环绕声音效

3D环绕声音效是指在左右两个声道中交替出现声音，呈现丰富的音频效果。下面演示制作3D环绕声音效的具体操作。

扫码看微课

（1）启动Premiere Pro CS6，在欢迎对话框中单击"新建项目"按钮 ，弹出"新建项目"对话框，设置"位置"，选择保存文件的路径，在"名称"文本框中输入"3D环绕声"，如图8-53所示。

（2）单击"确定"按钮，弹出"新建序列"对话框，在左侧的列表中展开"DV-PAL"选项，选择"宽银幕48kHz"，如图8-54所示，单击"确定"按钮完成序列的创建。

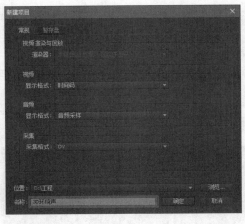

| 图8-53 | 图8-54 |

（3）打开素材所在文件夹，选择需要导入的素材，将其拖动到"项目"面板，如图8-55所示。

图8-55

（4）将"飞鸟.mp4"素材拖动到"时间轴"面板，然后右击素材，在弹出的快捷菜单中选择"缩放为当前画面大小"命令，如图8-56所示。

（5）双击"节目"面板中的素材画面，激活控制框，拖动控制框调整视频的画面大小，如图8-57所示。

（6）选择"时间轴"面板中的素材，打开"调音台"面板，将"音频1"轨道对应的音量调节滑块向上拖动到6dB对应的位置，以增大素材的音量，如图8-58所示。

图 8-56

图 8-57

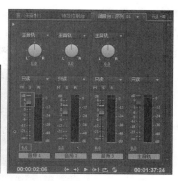
图 8-58

（7）右击"时间轴"面板中的素材，在弹出的快捷菜单中选择"解除视音频链接"命令。然后按住"Alt"键，拖动音频素材向下复制两层，如图8-59所示。

（8）单击"音频3"轨道的"切换轨道输出"按钮 ，使该轨道静音，如图8-60所示。

图 8-59

（9）选择"音频1"轨道上的素材，右击鼠标，在弹出的快捷菜单中选择"音频声道"命令，如图8-61所示。

图 8-60

图 8-61

（10）在弹出的"修改素材"对话框中，展开"右声道"左侧的下拉列表，选择"无"选项，如图8-62所示。

（11）参考上述步骤，选择"音频2"轨道中的素材，在弹出的"修改素材"对话框中展开"左声道"左侧的下拉列表，选择"无"选项，如图8-63所示。

图 8-62

图 8-63

165

（12）选择"音频1"轨道上的素材，打开"特效控制台"面板，展开"音量"效果，单击"级别"右侧的"添加/移除关键帧"按钮，根据音乐的节奏添加关键帧。完成操作后，"特效控制台"面板如图8-64所示。

图8-64

（13）将"特效控制台"面板中的时间线移动至第一个关键帧所在位置，选择第一个关键帧，按"Ctrl+A"组合键全选，然后按"Ctrl+C"组合键复制，选择"音频2"轨道上的素材，打开"特效控制台"面板，按"Ctrl+V"组合键粘贴，如图8-65所示。

图8-65

（14）单击"音频1"与"音频2"轨道的"折叠-展开轨道"按钮▶展开轨道，显示轨道上素材的关键帧，如图8-66所示。

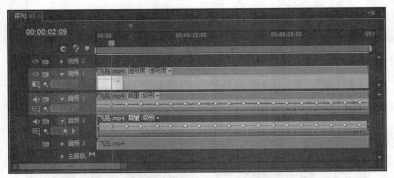

图8-66

（15）将"音频1"轨道上素材的关键帧从第1个开始每间隔1个向下拉动，且要拉到最低；然后将"音频2"轨道上素材的关键帧从第2个开始每间隔1个向下拉动，且要拉到最低，如图8-67所示。

（16）完成上述操作后，按"空格"键播放音频，可以听到声音在左右耳机间进行切换。单击"音频3"轨道的"切换轨道输出"按钮🔊，取消静音效果，避免声道转换时声音忽大忽小，如图8-68所示。

（17）至此，3D环绕声音效制作完成。

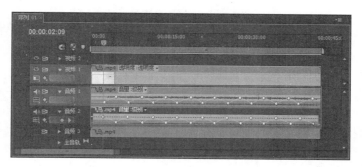

图 8-67

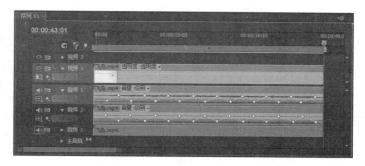

图 8-68

素养课堂

　　我国是一个礼乐之邦，中国传统音乐理论对"音阶"这个现代概念分别从"音""律""声"等不同角度揭示内涵。传统民族调式，最常用的主音有 5 个，即宫、商、角、徵、羽，相当于现在首调唱名的"do、re、mi、sol、la"，称五声音阶。"五声"一词最早出现于《周礼·春官》："皆文之以五声，宫商角徵羽。"而"五音"最早见于《孟子·离娄上》："不以六律，不能正五音。"《灵枢·邪客》把宫、商、角、徵、羽五音与五脏相配：脾应宫，其声漫而缓；肺应商，其声促以清；肝应角，其声呼以长；心应徵，其声雄以明；肾应羽，其声沉以细，此为五脏正音。

思考与练习

一、选择题

（1）在Premiere Pro CS6中，"设置增益为"参数的取值范围为（　　　）。

　　A．−90dB～90dB　　B．−96dB～96dB　　C．−100dB～100dB　D．−95dB～95dB

（2）（　　　）效果不包括在Premiere Pro CS6的音频特效中。

　　A．调整声道　　　　B．选频　　　　　C．环绕声　　　　　D．高音

（3）为音频素材添加"调整声道"特效，在"特效控制台"面板中调整"平衡"参数时，负值增大（　　）的音量。

　　A．左声道　　　　B．右声道　　　　C．双声道　　　　D．其他

二、填空题

（1）"交叉渐隐"效果组包括"_____"、"持续声量"和"指数型淡入淡出"3种音频特效。

（2）轨道音频控制器由控制按钮、声道调节滑轮及_____组成。

（3）"Reverb"特效可以模拟____播放音频的声音，渲染素材气氛。

三、判断题

（1）"高通"特效用于删除高于指定频率界限的声音。（　　　）

（2）使用"剃刀工具" 分割视频素材，相应的音频不会同时被分割。（　　　）

（3）音频播放控制器用于播放音频，除了"录制"按钮，其他按钮的使用方法与"源"面板和"节目"面板播放控制栏中的按钮相同。（　　　）

四、实操题

1. 课堂练习

【练习知识要点】选择音频素材，在"调音台"面板中应用"Reverb"效果，模拟室内播放音频的声音。

2. 课后习题

【习题知识要点】使用"钢笔工具" 在"时间轴"面板中创建关键帧，拖动关键帧来调整音量，制作音频的淡入淡出效果。

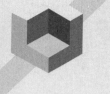

第 9 章　输出视频

本章主要介绍Premiere Pro CS6与视频最终输出有关的编码器、输出的节目类型与格式以及相关的参数设置。读者通过对本章的学习，可以掌握渲染输出的方法和技巧。

📖 **课堂学习目标**

➤ 了解Premiere Pro CS6可输出的文件格式。

➤ 掌握视频项目预演的方法。

➤ 掌握输出参数的设置技巧。

➤ 掌握各种格式文件的渲染输出技巧。

导出的基本设置

用户在Premiere Pro CS6中完成素材的编辑和处理后，即可输出视频。在输出视频之前，用户需要合理地设置相关的输出参数，以保证输出的视频达到理想的效果。

9.1.1 设置导出基本选项

1. 视频的输出类型

选择"文件"|"导出"命令，在弹出的子菜单中包含Premiere Pro CS6所支持的输出类型，如图9-1所示。

部分常用输出类型介绍如下。

➢ 媒体：选择该命令，将弹出"导出设置"对话框，在该对话框中可以进行各种格式的媒体输出设置和操作。

➢ 字幕：用于单独输出在Premiere Pro CS6中创建的字幕文件。

➢ 磁带：选择该命令，可以将完成的视频直接输出到专业录像设备的磁带上。

➢ EDL：选择该命令，将弹出"EDL输出设置"对话框，如图9-2所示，在其中进行设置并输出一个描述剪辑过程的数据文件，该文件可以导入其他的编辑软件中进行编辑。

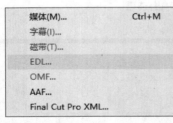

媒体(M)...	Ctrl+M
字幕(I)...	
磁带(T)...	
EDL...	
OMF...	
AAF...	
Final Cut Pro XML...	

图9-1

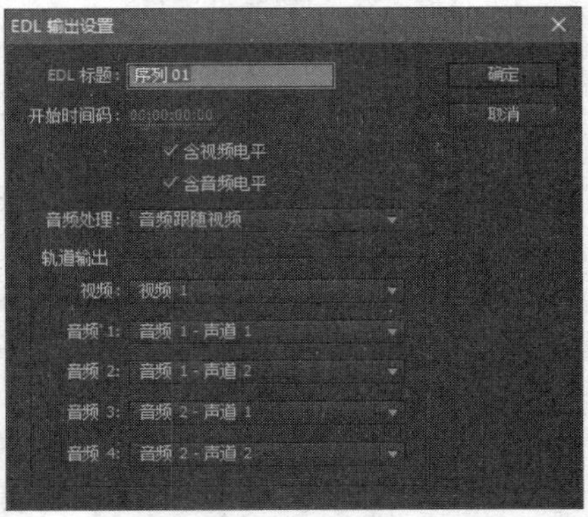

图9-2

➢ OMF（公开媒体框架）：其可以将序列中所有激活的音频轨道输出为OMF格式文件，再导入其他软件中继续编辑润色。

➢ AAF（高级制作格式）：将视频输出为AAF文件，该格式支持多平台、多系统的编辑软件，是一种高级制作格式。

➢ Final Cut Pro XML（Final Cut Pro交换文件）：该文件用于将剪辑数据转移到Final Cut Pro剪辑软件上继续进行编辑。

2. 格式设置

在"时间轴"面板中选择需要输出的视频序列，选择"文件"|"导出"|"媒体"命令，弹出图9-3

所示的"导出设置"对话框。

用户可以将输出的视频设置为不同的格式，"格式"下拉列表如图9-4所示。

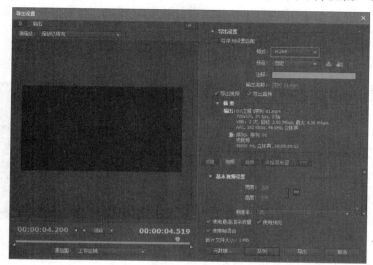

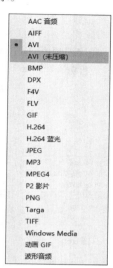

图9-3   图9-4

下面将介绍几种常见的视频格式。

➢ **AVI**：将视频输出为DV格式的数字视频和Windows平台的数字电影，适合计算机本地播放。

➢ **AVI（未压缩）**：输出为不经过任何压缩的Windows平台的数字电影。

➢ **GIF**：将视频输出为动态图片文件，适用于网页播放。

➢ **动画GIF**：输出为GIF动画文件。

➢ **H.264/H.264 蓝光**：输出为高性能视频编码文件，适合输出高清视频和录制蓝光光盘。

➢ **F4V/FLV**：输出为Flash流媒体格式视频，适合网络播放。

➢ **MPEG4**：输出为压缩比较高的视频文件，适合移动设备播放。

➢ **MPEG2/MPEG2–DVD**：输出为MPEG2编码格式的文件，适合录制DVD。

➢ **PNG／Targa／TIFF**：输出单张静态图片或者图片序列，适合多平台数据交换。

➢ **Quick Time**：输出基于macOS平台的数字电影。

➢ **波形音频**：只输出视频声音，输出为WAV格式音频，适合多平台数据交换。

➢ **Windows Media**：输出为微软专有流媒体格式，适合网络播放和移动媒体播放。

🔔 **提示**

  导出胶片带或序列文件时不能同时导出音频。

3. 预设设置

Premiere Pro CS6为用户提供了6种预置的导出格式，在"导出设置"对话框中设置导出视频格式为AVI的前提下，展开"预设"下拉列表，如图9-5所示。

在"预设"下拉列表框后有3个按钮，具体功能说明如下。

➢ ▦**保存预设**：单击该按钮，在弹出的对话框中可以保存用户自定义的导出设置。

➢ ▦**导入预置**：可以导入Premiere Pro CS6预置的导出设置。

➢ ▦**删除预置**：用于删除预置的导出设置。

4．注释和输出名称

在"导出设置"对话框的"注释"文本框中，用户可以对导出的文件做文字注释。

单击"输出名称"右侧的文字，将弹出图9-6所示的"另存为"对话框，在该对话框中设置输出文件的保存路径和名称，如图9-6所示。

5．导出视频/导出音频

"导出视频"和"导出音频"复选框位于"导出设置"对话框的"导出设置"选项组中，如图9-7所示。

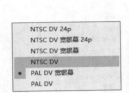

图9-5　　　　　　　　　　图9-6　　　　　　　　　　图9-7

勾选"导出视频"复选框，合成视频时将导出影像文件；如果取消勾选该复选框，则不能导出影像文件。勾选"导出音频"复选框，合成视频时将导出声音文件；如果取消勾选该复选框，则不能导出声音文件。

6．滤镜

在Premiere Pro CS6中导出影像文件之前，用户可以为其添加"高斯模糊"特效。在"导出设置"对话框中可以自行设置模糊程度，并同步预览效果，如图9-8所示。

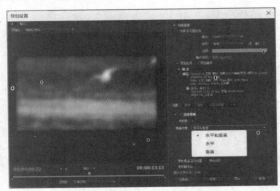

图9-8

9.1.2　裁剪导出媒体

用户在"导出设置"对话框中单击左上角的"源"选项卡，然后单击"裁剪输出视频"按钮 ，可以激活裁剪框。用户可以直接拖动裁剪框任意裁剪输出媒体的画面，也可以选择输入参数来实现裁剪，如图9-9所示。

除了上述两种裁剪方法以外，用户还可以选择Premiere Pro CS6系统预设的裁剪长宽比来实现裁剪，如图9-10所示。

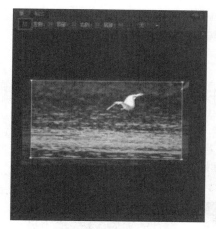

图9-9

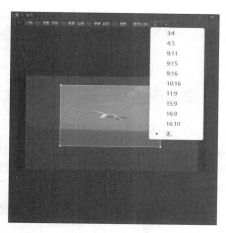

图9-10

9.1.3　视频的基本设置

在"视频"选项卡中，用户可以为输出的视频指定视频编解码器、品质以及视频尺寸等，如图9-11所示。

参数说明如下。

➢ **视频编解码器**：用户在下拉列表中选择用于视频压缩的编解码器，不同的导出格式，对应不同的编解码器。

➢ **品质**：用于设置视频的压缩品质，用户可通过拖动滑块设置百分比。

➢ **宽度/高度**：用于设置视频的尺寸。我国使用PAL制式，默认宽度为720像素、高度为576像素。

➢ **帧速率**：用于设置每秒播放画面的帧数。提高帧速率会使画面播放更流畅。

➢ **场序**：用于设置视频的场扫描方式，有上场、下场和无场3种方式。

➢ **长宽比**：用于设置视频制式的画面比。

图9-11

9.1.4　音频的基本设置

在"音频"选项卡中，用户可以为输出的音频指定音频编解码器、采样速率以及通道等，如图9-12所示。

参数说明如下。

➢ **音频编解码器**：用于为输出的音频选择合适的压缩方式进行压缩。

➢ **采样速率**：用于设置输出音频时所使用的采样速率，采样速率越高，播放质量越好，但所需的磁盘空间越大，处理时间越长。

图9-12

➢ **通道**：在下拉列表中可以为音频选择单声道或者立体声。

> 　样本大小：用于设置输出音频时所使用的声音量化位数，最高可选择32位。一般来说，用户要获得较好的音频质量就要使用较高的声音量化位数。

9.1.5 课堂案例——导出视频文件

下面将演示导出视频文件的操作方法。

（1）启动Premiere Pro CS6，按"Ctrl+O"组合键打开"导出视频文件.prproj"项目文件。进入工作界面后，用户可以看到"时间轴"面板已经编辑和处理好的素材，如图9-13所示。

（2）单击"时间轴"面板，然后按"Enter"键进行视频渲染，弹出图9-14所示的对话框。

图9-13

图9-14

（3）视频渲染完毕后，选择"文件"|"导出"|"媒体"命令，或按"Ctrl+M"组合键，弹出"导出设置"对话框。展开"格式"下拉列表，选择"AVI"，设置"预设"为"PAL DV"，如图9-15所示。

（4）单击"输出名称"右侧的文字，在弹出的"另存为"对话框中为输出文件设置名称及保存路径，如图9-16所示，完成后单击"保存"按钮。

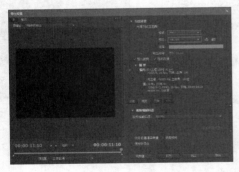

图9-15

图9-16

（5）设置好上述参数后单击"导出"按钮，视频开始导出，如图9-17所示。

（6）导出完毕后，用户可以在先前设置的保存路径中查看已经导出的文件，如图9-18所示。

图9-17

图9-18

渲染输出

Premiere Pro CS6可以渲染输出多种格式的文件，本节重点介绍几种常用格式文件渲染输出的方法。

9.2.1 导出序列文件

Premiere Pro CS6可以将编辑完成的视频合成导出为一组带有序列号的序列图片，操作方法如下。

（1）在"项目"面板中选择需要导出的序列文件，如图9-19所示。然后按"Ctrl+M"组合键，弹出"导出设置"对话框，在该对话框中将"格式"设为"FLV"或"F4V"，如图9-20所示。

图9-19

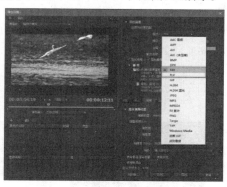

图9-20

🔔 **提示**

要导出序列文件，用户还可以在"格式"下拉列表中选择输出静帧序列文件，格式包括GIF、JPEG、PNG、Targa、TIFF等，需要注意的是，设置完成后在"视频"选项卡中勾选"导出为序列"复选框。

（2）单击"输入名称"右侧的文字，用户在弹出的"另存为"对话框中设置名称及保存路径，然后调节其他参数，最后单击"导出"按钮开始导出，如图9-21所示。

（3）导出完毕后，用户可在先前设置的保存路径中查看已经导出的文件，如图9-22所示。

图9-21

图9-22

9.2.2 导出音频文件

Premiere Pro CS6可以将视频中的一段声音或者视频中的歌曲制作成音乐光盘等文件，具体操作步骤如下。

（1）在"时间轴"面板编辑并处理好素材后，按"Ctrl+M"组合键，弹出"导出设置"对话框，将"格式"设为"mp3"，将"预设"设为"mp3 128kbps"，如图9-23所示。

（2）单击"输入名称"右侧的文字，在弹出的"另存为"对话框中设置名称及保存路径。最后单击"导出"按钮导出音频文件。

图9-23

9.2.3 导出字幕

用户可以将"项目"面板中创建的字幕文件单独导出，导出的字幕文件格式为PRTL，可以在其他的Premiere Pro CS6项目文件中导入字幕文件，导入后的字幕文件仍然是PRTL格式，可以进行二次加工编辑，操作方法如下。

（1）在"项目"面板中选择需要导出的字幕文件，选择"文件"|"导出"|"字幕"命令，如图9-24所示。

图9-24

（2）弹出"保存字幕"对话框，在该对话框中设置字幕文件的名称和保存路径，设置完成后单击"保存"按钮即可，如图9-25所示。

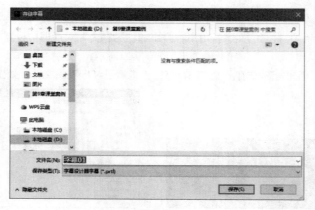

图9-25

9.2.4 导出媒体到网络

在Premiere Pro CS6中选择需要导出的序列，按"Ctrl+M"组合键，弹出"导出设置"对话框。然后在"FTP"选项卡中进行服务器、端口等参数的设置，用户就可以将导出的文件直接发布到互联网上，如图9-26所示。

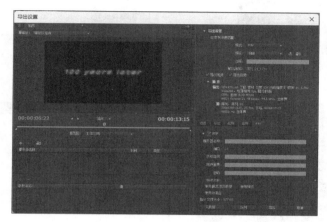

图9-26

9.2.5 课堂案例——导出单帧图像

在Premiere Pro CS6中，用户可以选择视频中的某一帧，将其输出为一张静态图片，操作方法如下。

扫码看微课

（1）启动Premiere Pro CS6，按"Ctrl+O"组合键打开路径文件夹中的"导出单帧图像.prproj"项目文件，进入工作界面后，可以看到"时间轴"面板中已经添加的视频素材，如图9-27所示。

（2）在"节目"面板中，将时间滑块移动到"00:00:02:00"处，或单击时间滑块上方的黄色数值，输入"00:00:02:00"，如图9-28所示。

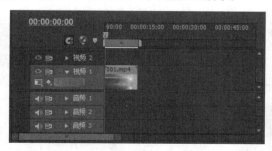

图9-27

图9-28

（3）按"Ctrl+M"组合键，弹出"导出设置"对话框，在该对话框中将"格式"设为"JPEG"，如图9-29所示。然后单击"输出名称"右侧的文字，在弹出的"另存为"对话框中设置名称以及保存路径，如图9-30所示。

（4）在"视频"选项卡中，取消勾选"导出为序列"复选框，如图9-31所示。然后单击"导出"按钮开始导出。导出完毕后，用户可以在先前设置的保存路径中查看已经导出的文件，如图9-32所示。

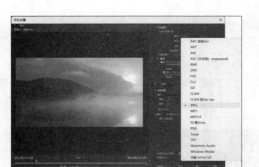

图 9-29

图 9-30

图 9-31

图 9-32

9.3

课后实训——输出动画视频

MPEG是一种包含声音及影像的动画文件格式，下面演示输出动画视频的具体操作。

（1）启动Premiere Pro CS6，按"Ctrl+O"组合键打开路径文件夹中的"输出动画视频.prproj"项目文件。进入工作界面后，用户可以看到"时间轴"面板中已经编辑和处理好的素材，如图9-33所示。

（2）单击"时间轴"面板，按"Enter"键进行视频渲染，弹出图9-34所示的对话框。

扫码看微课

图 9-33

图 9-34

（3）待视频渲染完毕，单击"时间轴"面板，按"Home"键使时间线回到首帧，然后按"Ctrl+M"组合键，弹出"导出设置"对话框，在该对话框中设置"格式"为"MPEG4"，如图9-35所示。

（4）单击"输出名称"右侧的文字，弹出"另存为"对话框，设置"名称"为"动画视频"，并设置保存路径，如图9-36所示。

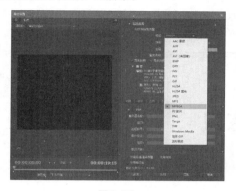

图9-35　　　　　　　　　　　　　　　　　　图9-36

（5）单击"保存"按钮，回到"导出设置"对话框，单击"源"选项卡，并单击"裁剪输出视频"按钮，激活裁剪栏，如图9-37所示。

（6）在裁剪栏中，展开系统预设的裁剪长宽比下拉列表，选择其中的"16:9"选项，如图9-38所示。

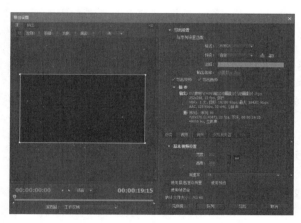

图9-37　　　　　　　　　　　　　　　　　　图9-38

（7）设置完成后单击"导出"按钮，视频开始导出，如图9-39所示。导出完毕后，用户可以在先前设置的保存路径中查看已经导出的文件，并用媒体播放器进行播放，如图9-40所示。

图9-39　　　　　　　　　　　　　　　　　　图9-40

✍ 素养课堂

在输出视频前，剪辑师应注意避免侵权、盗版行为。盗版是指在未经版权所有人同意或授权的情况下，对其拥有著作权的作品、出版物等进行复制，再分发的行为。剪辑师在利用一些现有素材进行视频创作的过程中，应该要始终注意不要越过盗版的红线，使用有授权的合规合法素材。

思考与练习

一、选择题

（1）将序列导出媒体的组合键是（　　　）。

    A．Ctrl+O   B．Ctrl+P   C．Ctrl+M   D．Ctrl+V

（2）如果想要导出MP4格式的视频，则要在"格式"下拉列表中选择（　　　）。

    A．H.264   B．H.264蓝光   C．JPEG   D．AVI

（3）要导出序列文件，可以在"格式"下拉列表中选择输出静帧序列文件，相应格式不包括（　　　）。

    A．FLV   B．F4V   C．PNG   D．AVI

二、填空题

（1）"导出设置"选项组中有两个复选框，分别是"导出视频"与_____。

（2）用户可以将"项目"面板中创建的字幕文件单独导出，导出的字幕文件格式为____。

（3）在____选项卡中进行服务器、端口等参数的设置，用户就可以将导出的文件直接发布到互联网上。

三、判断题

（1）音频编解码器用于为输出的视频选择合适的压缩方式进行压缩。（　　　）

（2）要导出序列文件，可以在"格式"下拉列表中选择"JPEG"选项。（　　　）

（3）在Premiere Pro CS6中导出影像文件之前，可以为其添加"高斯模糊"特效。（　　　）

四、实操题

1．课堂练习

【练习知识要点】将视频导出为MP4格式。

2．课后习题

【习题知识要点】导出GIF序列文件（注意在"视频"选项卡中勾选"导出为序列"复选框）。

第 **10** 章

综合实训

本章将通过两个综合实训的演练，帮助读者进一步巩固Premiere Pro CS6的使用方法和操作技巧，并更好地应用所学技能制作出丰富的视频效果。

📖 **课堂学习目标**

➤ 巩固Premiere Pro CS6的使用方法和操作技巧。

➤ 了解Premiere Pro CS6的常用设计领域。

➤ 掌握Premiere Pro CS6在不同设计领域的使用技巧。

广告设计——电商广告

本节的实训是制作关于苏打水产品的电商广告，通过图像、视频、音频和字幕的相互结合制作出视频效果。

10.1.1 项目要求及效果

1. 项目要求

（1）设计要以苏打水产品为主导。

（2）设计要简洁明晰，能展现产品的水果味特色。

（3）画面色彩要生动。

（4）设计能够让人有新鲜、清凉的感觉。

（5）设计规格为1280像素×720像素（1.0940），帧速率为25帧/秒，方形像素（1.0）。

2. 效果

【效果所在位置】CH10/电商广告.prproj

10.1.2 制作要点

使用"导入"命令导入素材，添加彩色蒙版设置视频背景，使用"特效控制台"面板调整图像的位置、缩放，并制作动画，使用"字幕"命令添加字幕。

10.1.3 制作过程

1. 新建项目、制作背景效果

（1）启动Premiere Pro CS6，单击"新建项目"按钮 ，弹出"新建项目"对话框，设置"位置"，选择保存文件的路径，在"名称"文本框中输入"电商广告"，如图10-1所示。

扫码看微课

（2）单击"确定"按钮，弹出"新建序列"对话框，切换到"设置"选项卡，具体设置如图10-2所示，单击"确定"按钮，新建序列。

（3）右击"项目"面板空白处，选择"导入"命令，弹出"导入"对话框，选择路径文件夹中的所有素材文件，如图10-3所示，然后单击"打开"按钮将素材导入"项目"面板中，如图10-4所示。

（4）双击"音频.mp3"素材，"源"面板会出现预览界面，按"M"键在音乐的变奏处和鼓点处添加标记，如图10-5所示。标记完成后单击"插入"按钮 ，将音频素材插入"时间轴"面板，如图10-6所示。

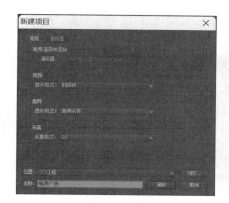

图 10-1

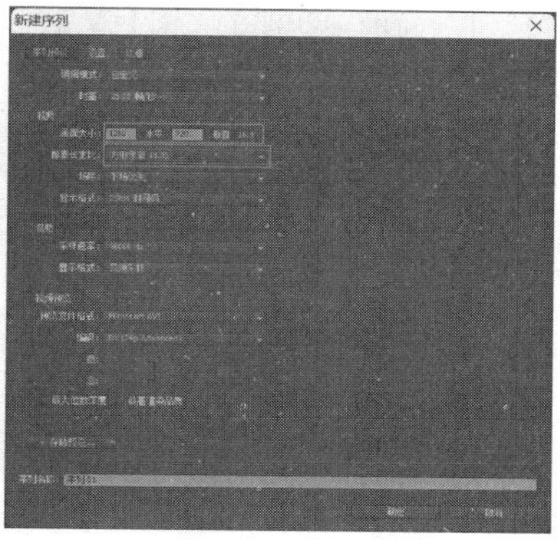

图 10-2

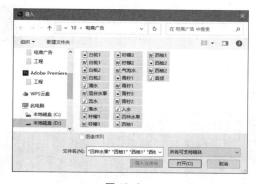

图 10-3

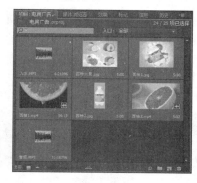

图 10-4

图 10-5

图 10-6

（5）右击"项目"面板空白处，选择"新建分项"|"彩色蒙版"命令，弹出"新建彩色蒙版"对话框，如图10-7所示，保持默认设置，单击"确定"按钮。

（6）弹出"颜色拾取"对话框，将颜色设为淡蓝色，如图10-8所示。

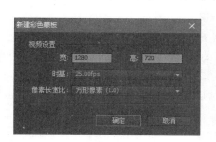

图 10-7

图 10-8

（7）将"项目"面板中新建的"彩色蒙版"素材拖动到"时间轴"面板中的"视频1"轨道，使其与"音频.mp3"素材对齐，如图10-9所示。

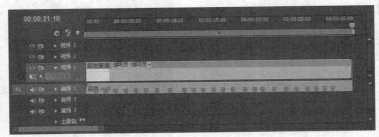

图 10-9

2．制作动画效果

（1）将"项目"面板中的"青柠1.mp4""白桃1.mp4""西柚1.mp4""柠檬1.mp4"视频素材拖动到"时间轴"面板中的"视频2"轨道，使其尾端分别与第1个至第4个标记对齐，如图10-10所示。

扫码看微课

（2）框选"视频2"轨道中的所有素材，右击鼠标，选择"缩放为当前画面大小"命令，此时"节目"面板中的画面效果如图10-11所示。

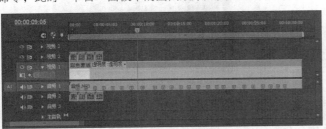

图 10-10

图 10-11

（3）将"项目"面板中的"青柠1.jpg""白桃1.jpg""西柚1.jpg""柠檬1.jpg"图像素材拖动到"时间轴"面板中的"视频2"轨道，使其分别与第5个至第8个标记对齐，如图10-12所示。

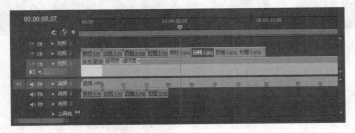

图 10-12

（4）将时间线移动到"青柠1.jpg"的开始位置，单击该素材，打开"特效控制台"面板，展开"运动"效果，单击"位置"左侧的"切换动画"按钮▣添加关键帧，如图10-13所示，然后在"节目"面板中将该素材画面移动到图10-14所示的位置。

（5）按两次"Shift"和"←"键将时间线后退10帧，在"节目"面板中移动"青柠1.jpg"素材画面到图10-15所示的位置。

（6）参考上述步骤，为"白桃1.jpg""西柚1.jpg""柠檬1.jpg"素材的"位置"添加关键帧，图10-16、图10-17、图10-18所示分别是这3个素材在第1帧以及后退10帧时所在位置。

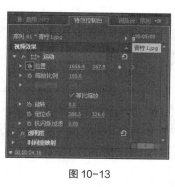

图 10-13

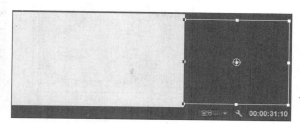

图 10-14

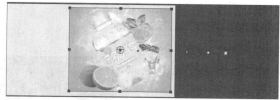

图 10-15

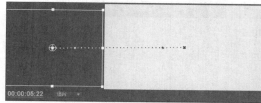

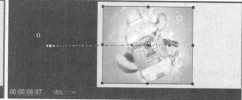

图 10-16

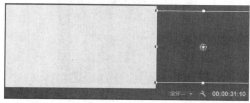

图 10-17

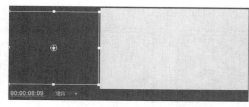

图 10-18

（7）右击"项目"面板空白处。选择"新建分项"|"字幕"命令，弹出"新建字幕"对话框，保持默认设置，然后单击"确定"按钮，进入"字幕"编辑面板，在图10-19所示处单击，输入"清爽青柠"，需要注意的是，输入"清爽"后按"Enter"键换行再输入"青柠"。

（8）展开"字体"下拉列表，选择"FZKaTong-M19S字体"，然后将"行距"设为"50.0"，如图10-20所示。

图 10-19   图 10-20

（9）单击"填充"选项组中"颜色"右侧的"吸管工具"，将鼠标指针移动到字幕工作区，单击吸取淡绿色，如图10-21所示。

图 10-21

（10）单击"描边"选项组中"外侧边"右侧的"添加"按钮，参考上述步骤，将"颜色"设为青色，如图10-22所示。

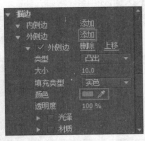

图 10-22

（11）参考上述步骤，新建3个字幕，将"字体"设为"FZKaTong-M19S"，将"行距"设为"50.0"，然后调整字幕的"填充"与"外侧边"颜色，效果如图10-23所示。

图 10-23

（12）将"项目"面板自动添加的"字幕01"至"字幕04"素材拖动到"时间轴"面板中的"视频3"轨道，使其分别与"视频2"轨道中的"青柠1.jpg""白桃1.jpg""西柚1.jpg""柠檬1.jpg"图像素材对齐，如图10-24所示。

图 10-24

（13）单击"时间轴"面板中的"字幕01"素材，打开"特效控制台"面板，展开"运动"效果，单击"缩放比例"左侧的"切换动画"按钮 ⚙ 添加关键帧，然后将时间线移动到该字幕的第一帧，将"缩放比例"设为"50.0"，如图10-25所示。

（14）按两次"Shift"和"←"键将时间线后退10帧，将"缩放比例"设为"120.0"，如图10-26所示。

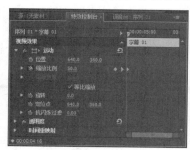

图 10-25

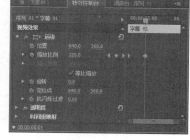

图 10-26

（15）单击"运动"效果，按"Ctrl+C"组合键复制，如图10-27所示。然后框选"字幕02"至"字幕04"素材，按"Ctrl+V"组合键粘贴，如图10-28所示。

图 10-27

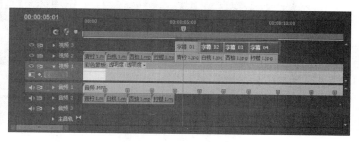

图 10-28

（16）将"项目"面板中的"混合水果.mp4""青柠2.mp4""白桃2.mp4""西柚2.mp4""柠檬2.mp4"素材移动到"时间轴"面板中的"视频2"轨道，拖动边缘使这些素材以图10-29所示的方式与"音频.mp3"素材的标记对齐，并将其缩放为当前画面大小。

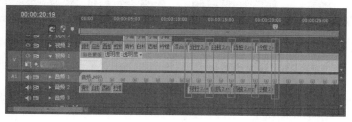

图 10-29

（17）将"项目"面板中的"青柠2.jpg"与"西柚2.jpg"图像素材分别拖动到"视频2"与"视频3"轨道，如图10-30所示，然后将其缩放为当前画面大小。

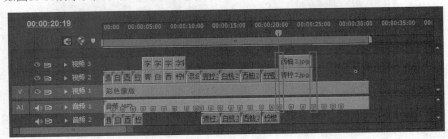

图 10-30

（18）将时间线移动到"青柠2.jpg"素材的开始位置，单击该素材，打开"特效控制台"面板，展开"运动"效果，单击"位置"左侧的"切换动画"按钮 添加关键帧，然后在"节目"面板中将素材画面拖动到图10-31所示的位置。

（19）将时间线移动到从后数第1个标记的位置，然后将"青柠2.jpg"素材画面移动到图10-32所示的位置，制作一个从下往上的动画效果。

图 10-31

图 10-32

（20）参考上述步骤，为"西柚2.jpg"素材结合标记添加"位置"的关键帧，制作一个从下往上的动画效果，如图10-33所示。

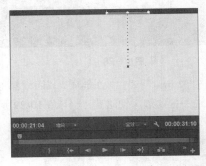

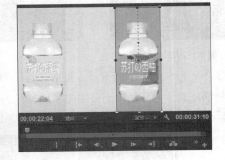

图 10-33

（21）将"项目"面板中的"白桃2.jpg"与"柠檬2.jpg"图像素材拖动到"时间轴"面板中图10-34所示的位置，并缩放为当前画面大小。

（22）结合标记为"白桃2.jpg"与"柠檬2.jpg"图像素材添加"位置"的关键帧，分别制作向下与向上的动画效果，如图10-35和图10-36所示。

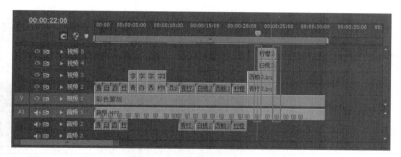

图 10-34

图 10-35

图 10-36

（23）将"项目"面板中的"四种水果.jpg"素材拖动到"时间轴"面板中的"视频2"轨道，使其尾端与"音频.mp3"素材的尾端对齐，如图10-37所示。

图 10-37

（24）在"节目"面板中双击"四种水果.jpg"素材画面激活其控制框，拖动控制框调整其大小与位置，如图10-38所示。

（25）打开"效果"面板，在搜索框中输入"径向擦除"，将搜索到的效果拖动到"四种水果.jpg"素材中，如图10-39所示。

图10-38　　　　　　　　　　　　　　　　　　　　　　　　图10-39

（26）将时间线移动到"四种水果.jpg"图像素材的第一帧，打开"特效控制台"面板，单击"过渡完成"左侧的"切换动画"按钮添加关键帧，将"过渡完成"设为"100%"，如图10-40所示。

（27）将时间线移动到下一个标记的位置，将"过渡完成"设为"75%"，然后按"Shift"和"←"键将时间线后退5帧，单击"添加/移除关键帧"按钮添加关键帧，如图10-41所示。

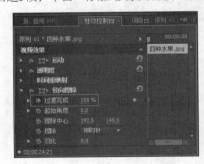
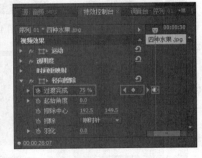

图10-40　　　　　　　　　　　　　　　　　　　　　　　　图10-41

（28）参考上述步骤，在第2个标记添加关键帧，设置"过渡完成"值为"50%"，按"Shift+←"组合键将时间线后退5帧，再次添加关键帧，设置"过渡完成"值为"50%"。继续在第3个标记及后退5帧的位置添加关键帧，设置"过渡完成"值为"25%"，如图10-42所示。

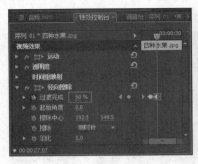
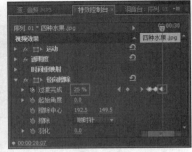

图10-42

（29）按两次"Shift"和"←"键将时间线后退10帧，将"过渡完成"设为"0%"，如图10-43所示。

（30）新建字幕，将字体设为"FZKangTi-S07S"，将文字大小设为"80.0"，将行距设为"50.0"，如图10-44所示。

图 10-43　　　　　　　　　　图 10-44

（31）参考以上步骤，将该字幕的"填充"颜色设为天蓝色，并为其添加"外侧边"，如图10-45所示。

图 10-45

（32）将"字幕05"拖动到"时间轴"面板中的"视频3"轨道，并在其开始的位置添加"旋转"视频切换效果，如图10-46所示。

（33）为"字幕05"添加"彩色浮雕"视频特效，此时"节目"面板中的画面效果如图10-47所示。

图 10-46　　　　　　　　　　图 10-47

3. 添加音效

（1）选择"轨道选择工具" ▦ ，单击"视频2"轨道中的第一个素材"青柠1.mp4"，即可选中"视频2"轨道中的所有素材，右击鼠标，选择"解除视音频链接"命令解除视频素材与音频素材的连接，如图10-48所示。

（2）单击"音频2"轨道中的第一个素材"青柠1.mp4"，即可选中"音频2"轨道中的所有素材，按"Delete"键删除，如图10-49所示。

扫码看微课

191

图 10-48 　　　　　　　　　　　　　　　图 10-49

（3）将"项目"面板中的"滴水.mp3"素材拖动到"音频2"轨道，使其首端与"青柠1.mp4"素材对齐；然后将"流水.mp3"素材拖动到"白桃.mp4"素材下方，使其与"白桃.mp4"素材对齐，如图10-50所示。

图 10-50

（4）参考上述步骤，为"视频2"轨道中的其他视频素材添加音效，如图10-51所示。

图 10-51

（5）打开"调音台"面板，将"音频2"轨道的音量调节滑块向上拖动至6dB对应的位置，如图10-52所示。

图 10-52

（6）单击"时间轴"面板，按"Enter"键，弹出"正在渲染"对话框，如图10-53所示。待渲染完毕可在"节目"面板中预览视频效果，如图10-54所示。至此，电商广告制作完成。

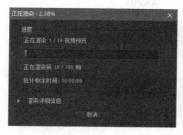

图 10-53

图 10-54

特效设计——抖音特效短视频

本节将运用Premiere Pro CS6的调色功能制作一段以"响指变天"为主题的抖音特效短视频。

10.2.1 项目要求及效果

1. 项目要求

（1）设计以"响指变天"为主要内容。

（2）画面色彩要对比强烈，要具有冲击力。

（3）设计风格具有特色，能够让人一目了然、印象深刻。

（4）设计规格为720像素×1280像素（垂直9：16），帧速率为25帧/秒，方形像素（1.0）。

2. 效果

【效果所在位置】CH10/响指变天.prproj

10.2.2 制作要点

使用"色度键"效果对素材进行抠像；添加调整图层，使用不同的调色命令制作天空的变化效果；使用"交叉叠化（标准）"效果制作视频之间的转场效果。

10.2.3 制作过程

1. 新建项目、添加素材

（1）启动Premiere Pro CS6，单击"新建项目"按钮，弹出"新建项目"对话框，设置"位置"，选择保存文件的路径，在"名称"文本框中输入"响指变天"，如图10-55所示。

（2）单击"确定"按钮，弹出"新建序列"对话框，切换到"设置"选项卡，具体设置如图10-56所示，单击"确定"按钮，新建序列。

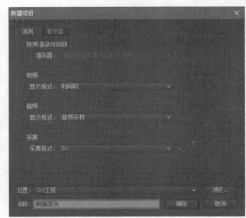

扫码看微课

图10-55   图10-56

（3）打开素材所在文件夹，选择需要导入的素材，将其拖动到"项目"面板，如图10-57所示。

（4）双击"项目"面板中的"0.mp4"素材，"源"面板会出现预览画面，按"M"键在打完响指的前一帧做标记，如图10-58所示。

（5）标记完成后将"0.mp4"素材拖动到"时间轴"面板中的"视频2"轨道，如图10-59所示。

图10-57

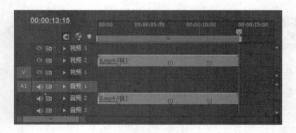

图10-58   图10-59

（6）单击"时间轴"面板中的"0.mp4"素材，右击鼠标，选择"解除视音频链接"命令，解除视频与音频之间的连接，如图10-60所示。

（7）选择"剃刀工具" ，在第一个标记的位置对素材进行分割，如图10-61所示。

图 10-60 　　　　　　　　　　　　　　　　　图 10-61

（8）打开"效果"面板，在搜索框中输入"颜色键"，将搜索到的效果拖动到"视频2"轨道中的第2段素材上，如图10-62所示。

图 10-62

（9）打开"特效控制台"面板，单击"主要颜色"右侧的"吸管工具" ，将鼠标指针移动到"节目"面板，单击天空吸取蓝色，如图10-63所示。然后调整其他参数，具体参数设置如图10-64所示。

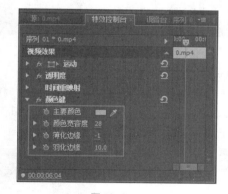

图 10-63 　　　　　　　　　　　　　　　　　图 10-64

（10）分别将"项目"面板中的"天空01.mp4""天空02.mp4""天空03.mp4"素材拖动到"时间轴"面板中的"视频1"轨道，使其首尾两端分别与图10-65所示的标记对齐。

图 10-65

（11）单击"天空01.mp4"素材，打开"特效控制台"面板，单击"运动"左侧的"控制框"按钮，如图10-66所示。激活"节目"面板中的控制框，拖动控制框调整画面的大小，如图10-67所示。

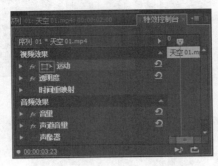

图10-66   图10-67

（12）以同样的方式调整"天空02.mp4""天空03.mp4"素材画面的大小，"节目"面板中的画面效果如图10-68所示。

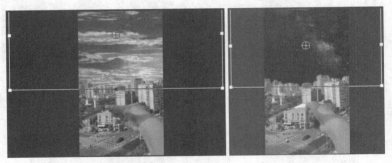

图10-68

2. 调整视频颜色

（1）右击"项目"面板空白处，选择"新建分项"|"调整图层"命令，如图10-69所示。弹出"调整图层"对话框，保持默认设置，如图10-70所示，然后单击"确定"按钮，"调整图层"素材会自动添加到"项目"面板中。

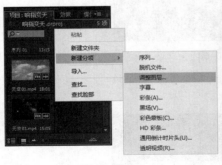

扫码看微课

图10-69   图10-70

（2）将"项目"面板中的"调整图层"素材拖动到"时间轴"面板中的"视频3"轨道，使其首尾两端与"天空01.mp4"素材对齐，如图10-71所示。

（3）打开"效果"面板，展开"视频特效"卷展栏，选择"色彩校正"卷展栏中的"快速色彩校正"效果，将其拖动到"时间轴"面板中的"调整图层"素材上，如图10-72所示。

图 10-71　　　　　　　　　　　　　　　　　图 10-72

（4）打开"特效控制台"面板，在彩色圆环中调整"色相平衡和角度"，将指针拖动到图10-73所示的位置，使画面色调偏蓝，然后将"饱和度"设为"150.00"，此时"节目"面板中的画面效果如图10-74所示。

图 10-73　　　　　　　　图 10-74

（5）再次将"调整图层"素材拖动到"视频2"轨道，使其与"天空02.mp4"素材对齐，并为其添加"通道混合"效果，如图10-75所示。

（6）打开"特效控制台"面板，"通道混合"效果各项参数设置如图10-76所示。

图 10-75　　　　　　　　　　　　　　　图 10-76

（7）使用"剃刀工具" 在"0.mp4"素材的第3个标记处分割，并为"视频2"轨道中的第3段素材添加"基本信号控制"效果，如图10-77所示。

（8）打开"特效控制台"面板，"基本信号控制"效果各项参数设置如图10-78所示。

（9）将"视频2"轨道中的第1段"0.mp4"素材向下拖动到"视频1"轨道，如图10-79所示。

（10）打开"效果"面板，展开"视频切换"卷展栏，选择"叠化"卷展栏中的"交叉叠化（标准）"效果，将其分别拖动到"视频1"轨道中的"天空01.mp4""天空02.mp4""天空03.mp4"素材首端，如图10-80所示。

图 10-77　　　　　　　　　　　　　　　图 10-78

图 10-79　　　　　　　　　　　　　　　图 10-80

（11）单击"天空01.mp4"素材中的"交叉叠化（标准）"切换效果，打开"特效控制台"面板，单击"持续时间"右侧的数值，在文本框中输入"00:00:00:10"，如图10-81所示，将切换效果的持续时间设为10帧。

（12）以同样的方式将其他所有的切换效果的持续时间设为10帧，如图10-82所示。

图 10-81　　　　　　　　　　　　　　　图 10-82

3．输出视频

（1）所有素材处理完毕后，可在"节目"面板预览视频效果，如图10-83所示。如果满意视频效果可直接按"Ctrl+M"组合键将序列导出媒体。

（2）弹出"导出设置"对话框，在该对话框中设置"格式"为"H.264"，如图10-84所示。

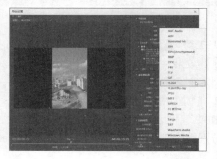

扫码看微课

图 10-83　　　　　　　　　　　　　　　图 10-84

（3）单击"输出名称"右侧的文字，弹出"另存为"对话框，在该对话框中设置输出视频的名称，并设置保存路径，如图10-85所示。

（4）单击"基本视频设置"右侧的"选择在调整视频大小时保持帧长宽比不变"按钮 ，使其保持失效状态，然后调整"宽度"与"高度"参数，如图10-86所示。

图 10-85

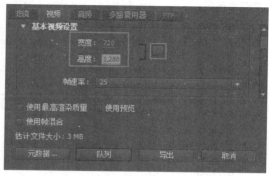

图 10-86

（5）向下拖动右侧滚动条，将"电视标准"设为"PAL"，然后勾选"以最大深度渲染"复选框，如图10-87所示。

（6）继续向下拖动滚动条，展开"比特率编码"下拉列表，选择"VBR,2次"，然后将"目标比特率"滑块向右拖动至数值变成14，最后勾选"使用最高渲染质量""使用预览""使用帧混合"复选框，如图10-88所示，单击"导出"按钮。

图 10-87

图 10-88

（7）弹出"编码"对话框，显示当前编码进度条，如图10-89所示。

图 10-89

（8）导出完毕后，可以在先前设置的保存路径中查看已经导出的文件。

素养课堂

在制作电视广告时，我们一定要遵守相关的法律法规，其中包括《中华人民共和国广告法》第三条——广告应当真实、合法，以健康的表现形式表达广告内容，符合社会主义精神文明建设和弘扬中华民族传统优秀文化的要求。

思考与练习

一、选择题

（1）Premiere Pro CS6中存放素材的面板是（　　）。

  A．"时间轴"面板   B．"节目"面板

  C．"效果"面板   D．"项目"面板

（2）（　　）特效可以对画面的颜色进行调整。

  A．通道混合   B．基本3D   C．快速模糊   D．波形弯曲

（3）Premiere Pro CS6中用（　　）来表示音量。

  A．赫兹   B．分贝   C．安培   D．毫伏

二、填空题

（1）要调整一个素材的长度，且拉长或缩短相邻素材的长度，原来两个素材的总长度不变，应该使用"＿＿＿工具" ⊞。

（2）当片段的持续时间和速度锁定时，一段长度为10s的片段，如果改变其速度为50%，长度变为＿＿＿s。

（3）PAL制式画面尺寸为＿＿＿像素×576像素（1.4587）。

三、判断题

（1）在Premiere Pro CS6中，可以在浏览器中拖入素材的方式导入素材。（　　）

（2）在Premiere Pro CS6中，仅可在"特效控制台"面板中为素材设置关键帧。（　　）

（3）选择"矩形工具"，按住"Ctrl"键可以绘制正方形。（　　）

四、实操题

1．课后实训——制作美食节短视频

【实训知识要点】使用"导入"命令导入素材；使用"字幕"命令添加标题及介绍文字；使用"速度/持续时间"命令调整视频的速度和持续时间，制作美食节短视频。

2．课后实训——制作招聘类短视频

【实训知识要点】使用"字幕"命令添加并编辑文字；使用"特效控制台"面板调整图像的位置、比例和透明度，并制作动画效果。